你不知道的现场
设计 **法则** 100+

平面设计与
印前技术

[日]MdN 编辑部
/编著

完全学习手册
Photoshop＋Illustrator＋InDesign

U0244471

中国青年出版社

DESIGN. SHIRA NAI TO KOMARU GEMBA NO SHIN 100 NO RULE
Copyright © 2017 Chiyo Date, Shinichi Ikuta, Takahiko Naito,
Sumiko Yamazaki, Miki Nagai, Kakeru Takamine
Chinese translation rights in simplified characters arranged with
MdN Corporation through Japan UNI Agency, Inc., Tokyo

律师声明

北京市中友律师事务所李苗苗律师代表中国青年出版社郑重声明：
本书由本书由日本MdN社授权中国青年出版社独家出版发行。未经
版权所有人和中国青年出版社书面许可，任何组织机构、个人不得以
任何形式擅自复制、改编或传播本书全部或部分内容。凡有侵权行
为，必须承担法律责任。中国青年出版社将配合版权执法机关大力
打击盗印、盗版等任何形式的侵权行为。敬请广大读者协助举报，
对经查实的侵权案件给予举报人重奖。

侵权举报电话

全国"扫黄打非"工作小组办公室
010-65233456 65212870
http://www.shdf.gov.cn

中国青年出版社
010-59231565
E-mail: editor@cypmedia.com

版权登记号：01-2019-3484

图书在版编目（CIP）数据

你不知道的现场设计法则100+：平面设计与印前技术完全学习手
册：Photoshop+Illustrator+InDesign／日本MdN编辑部编著；徐
嘉伟译. -- 北京：中国青年出版社，2020.7
ISBN 978-7-5153-6007-2

I.①你… Ⅱ.①日… ②徐… Ⅲ.①平面设计-图像处理软件-手册
Ⅳ.①TP391.413-62

中国版本图书馆CIP数据核字（2020）第068002号

策划编辑 张 鹏
责任编辑 张 军
封面设计 乌 兰

你不知道的现场设计法则100+
——平面设计与印前技术完全学习手册
（Photoshop+Illustrator+InDesign）

[日]MdN编辑部／编著 徐嘉伟／译

出版发行：中国青年出版社
地　址：北京市东四十二条21号
邮政编码：100708
电　话：（010）59231565
传　真：（010）59231381
企　划：北京中青雄狮数码传媒科技有限公司
印　刷：北京凯德印刷有限责任公司
开　本：880 x 1230 1/32
印　张：7
版　次：2020年7月北京第1版
印　次：2020年7月第1次印刷
书　号：ISBN 978-7-5153-6007-2
定　价：69.80元（附赠海量平面设计素材）

本书如有印装质量等问题，请与本社联系
电话：（010）59231565
读者来信：reader@cypmedia.com
投稿邮箱：author@cypmedia.com
如有其他问题请访问我们的网站：http://www.cypmedia.com

前 言

本书是以2010年创刊的《平面设计：你必须掌握的实践操作新100个常识》为基础编写而成的。现在回过头去读10年前的作品，不得不为这几年间设计的制作、输出环境的巨大改变而震惊。设计的基本原理——比如说构图、排版、配色、信息整理——倒和之前一样，但是要真想做出实物却并不简单。实际的操作过程因应用程序及输出环境的升级，而发生了巨大的改变。本书留心这几年发生的变化，汇总了能在平面设计的实际操作中对大家有所帮助的100条法则。

近几年，像同人志、ZINE、纸制品等，人人都可以简单地下单印刷服务。阅读本书后，就算你是第一次参与印刷制作，也不会手足无措。并且，我希望大家能够亲身体会印刷的流程。此外，各术语配有插画和讲解图，大家能够轻松愉快地阅读。

本书共有3章。第1章是"设计和基础篇"，里面介绍了要做出好设计，都需要哪些设计的规则和理论。第2章是"应用程序和制作篇"，这一章把焦点放在设计者的工具——应用程序上进行讲解和提及到的软件有Photoshop、Illustrator、InDesign。第3章是"校正和输出篇"，这一章将会教大家如何设置参数，同时帮助大家了解印刷流程、用纸、装订和加工，以便输出自己想要的效果。

在创新领域，体验设计与印刷工程，有利于提高创造力，也能获得前所未有的喜悦。我衷心希望本书能够成为大家平日里设计工作的助力。

2019 年11月

Far, Inc. 生田信一

Contents

Chapter 001
设计和基础篇

Chapter 002

应用程序和制作篇

Cl	⋯ 构图、排版（Composition & layout）	Ai	⋯ Illustrator
Ov	⋯ 概览（Overview）	Id	⋯ InDesign
Ps	⋯ Photoshop		

Chapter 003
校正和输出篇

本书结构及使用方法

本书面向设计者以及想要尝试制作印刷品或者设计作品的人群。其中列出了做设计必须掌握的100条基础知识。总体分为"设计和基础篇"、"应用程序和制作篇"、"矫正和输出篇"3章。每个小知识点都归总在左右两开页之内，方便大家学习。左边一页主要是主题、基本内容、说明图和插图，右边一页则是重点的详细讲解，此外还包括了术语讲解和注意事项以及相关可参考项目。不用从头看起也可以学习，所以如果大家找到了感兴趣的内容，就可以直接从那一页开始阅读了。

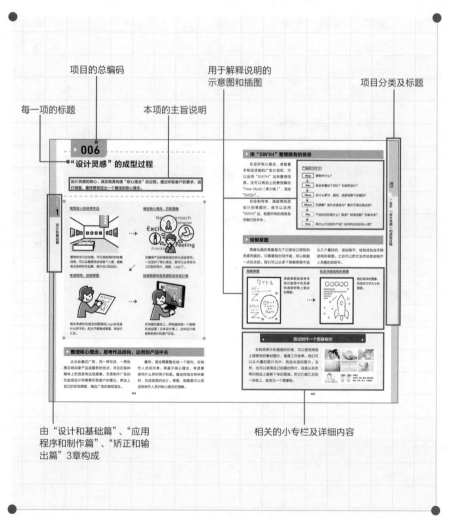

项目的总编码

用于解释说明的
示意图和插图

项目分类及标题

每一项的标题

本项的主旨说明

由"设计和基础篇"、"应用
程序和制作篇"、"矫正和输
出篇"3章构成

相关的小专栏及详细内容

▶ Chapter 001

设计和基础篇

要想设计出优秀的作品，最重要的是要先把握基本的设计规则和理论。在本章中，将先从设计的实际流程和设计者的职责入手，为大家介绍字体、色彩、排版的基础知识。

来看看各类印刷品吧

纸媒拥有其独特魅力，这一点是电子媒体无法匹敌的。我们先一边对照纸质印刷品的范例，一边了解印刷品的分类方式。之后，再来探寻纸质印刷品的魅力吧。

单页印刷品

名片

明信片

信封

宣传单、海报

只有1页的印刷品叫做"单页印刷品"。信封是用一张完整的纸制成的，所以也分类为"单页印刷品"。

多页印刷品

平装本（胶装）

平装本（骑马钉装订）

精装本

像册子或者多页装订的印刷品叫做"多页印刷品"。印刷时经常将一张大纸裁剪成8份、16份（也就是我们常说的8开和16开）进行印刷，之后在订口处进行装订。

▶ 印刷品分为"单页印刷品"和"多页印刷品"

在种类上，印刷品通常有"单页印刷品"和"多页印刷品"两类。这两类印刷品在制作过程中的工序也是不同的。

单页印刷品也被称为"单张"、"端物"（日本叫法），是用单张纸的正反面（或者单面）进行印刷，之后裁剪为成品尺寸的。

"多页印刷品"则需要将印刷用纸折叠，之后将订口或者纸的上端加工装订。1张纸折叠1次就成了4页，再折一次就成了8页，再重复一次就可以折成16页。

▶ 装订和加工好的印刷品

　　纸不仅仅局限于平面。书本杂志、笔记本都是由多张纸组合而成的立体产物。立体书、立体卡片等，都以其乐趣征服了读者。去找寻那些能够使人喜笑颜开的逸品也不失为一种乐趣。

备忘录

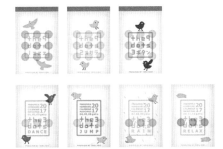

翻阅时会有翻书动画效果的备忘录。
发售：HOW HOUSE　插画、设计：浅井透

立体卡片

打开卡片就会有图片弹出，角色也会动。
发售：学研Sta:Ful　插画、设计：浅井透

▶ 有意思的纸制品

　　纸质印刷品有着电子媒体所没有的独特魅力。使用纸制作而成的制品不仅在视觉上增添了乐趣，更重要的是我们能享受它的触感。比如平常我们拿在手上的笔记本、备忘录、名片、信封等文具用品，扑克牌、歌留多纸牌等游戏用品……了解纸的种类，乐趣也会更多。

歌留多纸牌

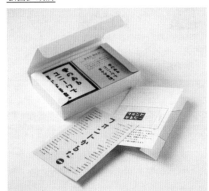

"字体歌留多"。取牌上，同样的内容由不同的字体打印，读牌上印有字体的名称、说明、范本，可以用它进行纸牌游戏。

日历

原创台历。插画、设计：浅井透

遮蔽胶带

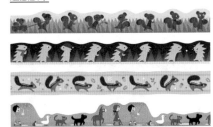

ASAMIDORI的"DECO-DECO-ROLL"。胶带图案是连续的。发售：ROUND TOP　插画、设计：浅井透

了解从设计到印刷的工作流程

"设计"究竟是一种怎样的职业呢？我们先从工作的流程和重要事项开始了解吧。

定位/商谈

委托方   设计师

和委托方进行第一次商谈。双方确认产品的用途、款式、交稿期、价格预期。

思考和绘制草图

设计师

为符合委托方的要求，考虑多种设计方案并绘制草图。

绘制总体设计稿

有灵感了就画出来

设计师

绘制简单的草图，或者在电脑上尝试绘制"总体设计稿"。

发表/交付设计稿

这样的设计您满意吗？

委托方   设计师

把设计方案交给委托方。如果对方满意，就可以开始正式制作了。

▸ 设计的起点（商谈→思考方案→绘制草图）

首先，我们来看看制作印刷品时的工作流程吧。

设计要从听取委托方的意见，了解产品的款式、用途开始。听取委托方的要求，商谈产品的模样、交付期、价格预期等。

设计师要考虑设计方案，并从中挑选出几个方案绘制草图，或者在电脑上试做。完成度高的试做品叫做"总体设计稿"。

完成后需要交给委托方检查，根据其需求进行修改。

▶ 完成设计稿（检查设计→完善数据）

版面有多种要素。照片、插画等插图类，宣传语和正文（主文本）等素材，需要分别交由摄影师、插画师、撰稿人等专业人士进行制作。

初步完成的设计稿需要交给委托方检查，设计完成之后，才能开始准备印刷工作。

制作素材及排版

摄影师

撰稿人

插画师

设计师

交由各个领域的专门人士制作，最后由设计师将其排版。

设计、文本校正

委托方

将初步完成版面打印出来，或者输出成PDF文件，接受委托人（客户）的检查。

完成设计/准备印刷

设计师

完成设计稿之后，就开始准备印刷数据。方法有：输出原生文件、打包、输出PDF文件。

▶ 印刷的过程（色彩校正→制版→印刷、加工、装订）

成品数据将会交付给印刷厂。印刷厂会检查成品数据有无问题。此时，为了检查印刷出来的成品效果，可以要求印刷厂用高精度输出机器检查，提交"色彩校正纸"。

为了让印刷后的装订、加工工作能够顺利进行，设计师需要给出明确的指示。

色彩校正

校正输出机

可以使用校正专用的输出机进行"色彩校正"。经此过程，就能在印刷前准确地校正颜色。

制版

印厂负责人

制版机

使用制版机，输出印刷用的印版。

印刷、加工、装订

胶版印刷机

按需印刷机

折纸机、裁断机

把输出的印版放置在印刷机上进行正式印刷。要是印刷数量少，不需要印版，可以使用按需印刷机。印刷后，会进行折叠或者裁断加工。

完成

完成的印刷品

003

了解平面设计必备的硬件

DTP（Desktop-Publishing）：桌上排版，指通过电脑等电子手段进行报纸书籍等纸张媒体编辑出版的总称。需要电脑等硬件设备的辅助。首先让我们来看看都需要哪些设备吧。

电脑

台式电脑

笔记本电脑

电脑分台式电脑和笔记本电脑，设计中台式电脑多以机箱与显示屏一体的机型为主。设计时用Mac或者Windows系统都可以。

显示屏（显示器）

单独贩卖的液晶显示屏

要想进行专业的图片处理，最好使用色彩精度高的显示屏。大尺寸显示屏更可以提升工作效率。

外部存储设备

硬盘驱动器

U盘

要备份大量文件的话，可以使用移动硬盘。要随身携带的话建议选用U盘。

联网设备

宽带路由器

联网进行数据传输。

▶ 计算机（电脑、显示屏、存储设备、通信设备）

设计工作没有电脑和辅助设备可不行。理论上，设计时选择Mac、PC都可以，但设计师大都偏爱Mac。这也许是因为Mac在电脑诞生的初期，就一直在追求便捷吧。

要处理或者修正照片的话，最好选择能准确显示出色彩层次的显示屏。备份数据时可以选用硬盘驱动器等外部存储设备。线上交稿需要使用高速宽带网。另外，也要配备一个能让数个设备联网的环境。

▶ 图像的输入设备（数码相机、扫描仪）

数码相机和扫描仪都可以输入图像。

数码相机分很多种。单反相机和无反光镜相机都可以更换广角、标准、远摄等镜头，从而拍出令人满意的照片。

要想使用纸质稿和印刷品的话，最有效的办法就是使用扫描仪。

用数码相机摄影

单反相机　　　　　便携式数码相机

想要拍摄照片，可以使用单反相机、无反光镜相机、便携式数码相机。专业人士一般会选用单反相机，因为利用它可以拍出高品质照片。

反射原稿※ 要用扫描仪读取

平板扫描仪

纸质的反射原稿，可以用平板扫描仪读取。在玻璃面放置原稿，用图像传感器读取原稿。

※反射原稿（Reflection Copy），是指以不透明材料为图文信息载体的原稿。

▶ 输出设备（喷墨打印机、激光打印机）

打印机分许多种。喷墨打印机是将墨水直接喷在纸面上进行打印的。其成色优秀，适用于印刷照片。

激光打印机是利用传感器的感光进行印刷的，可以快速地将全彩图像打印在纸面上，适用于大量印刷。

喷墨打印机

喷墨打印机的特点是其印出的照片色彩鲜艳。但是用它打印很费时间，所以不适用于多页印刷品。

激光打印机

要印刷100页～200页等大量、多页的印刷品的话，使用激光打印机，就可在短时间内完成。

只要有一台电脑就可以开始设计

只要有电脑、显示屏、主要的图像处理程序就可以着手设计工作了。输入输出的设备只需要根据自身需求来配备就可以了。打印可以使用自助服务。要是没有数码相机，只要不需要拍摄大尺寸图像，那都可以用手机的摄影功能代替。

平面设计必备的软件

制作纸质产品时使用的软件有很多，其中具有代表性的有Photoshop、Illustrator、InDesign。我们先来掌握这几种软件的用途和特征吧。

设计工作需要用到的软件

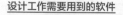

摄影师

插画师

撰稿人/编辑

Photoshop

Illustrator

Text Editor

修正、加工照片的软件

制作插图、Logo的软件

编写文本的软件

配置素材、排版的软件

Illustrator

Id
InDesign

设计师

绘制插图有Photoshop和Illustrator，编写文本有Text Editor等，我们需要将它们配置到排版软件里去。编辑设计行业多用InDesign，广告制作行业多用Illustrator。

▶ 必备软件——Photoshop、Illustrator、InDesign

　　上述的3种软件是纸媒设计工作中不可或缺的软件。Photoshop主要用于照片等插图的编辑和修正；Illustrator用来制作精细的插图和Logo，或者用于单页印刷品的排版；InDesign主要用于杂志、书籍等多页印刷品的制作。只要有这3种软件，就可以制作出市面上大多数的印刷品。

　　文本素材一般在文本处理软件或者文本编辑器中输入，保存为文本格式，以便之后操作。

▶ Photoshop的用途与特点

Photoshop是一款图像编辑软件，利用它可以编辑由Pixel（像素）组成的位图。举例来说，用Photoshop可以调整照片的明度、对比度、色调，也可以合成多张图片制成富有戏剧性的作品，甚至还可以绘制手绘风的插画。

这张是用像素表现出来的插画。也可以扫描手绘原稿。

多样的照片素材。设计时，照片素材十分重要，所以需要对其进行修正，让成品更完美。

▶ Illustrator的用途与特点

位图在放大后会变得模糊，但在Illustrator中绘制的矢量图却可以自由地放大或缩小。运用这个特点，可以制作出名片类的小型印刷品，甚至可以做出海报和招牌一类的大型印刷品。还可以将文字轮廓化，对文字进行变形加工，创作出满意的Logo以及精致的插图。

矢量图插画。适用于绘制线稿类插图。

海报排版。它还具备专业的文字排版功能。

▶ InDesign的用途与特点

用Illustrator来制作杂志、书籍等长文本读物，或者是含有大量插图的商品目录、写真集是十分没有效率的。这种情况下，InDesign网罗了制作多页印刷品的必备功能，所以尤其实用。InDesign的操作和Illustrator相似，便于上手，入门不需要太多时间。它是制作小册子时不可或缺的软件。

像商品目录、杂志、书籍这种多页印刷品，InDesign都可以自动标注页码，还可以管理大量图像，检查数据有无差错，大幅度提高了我们的工作效率。

设计中所说的"总监"是干什么的？

我们来思考一下，"总监"到底有什么样的职能吧。初期的策划阶段中，需要制定总体的方向性，总监此时肩负大任。

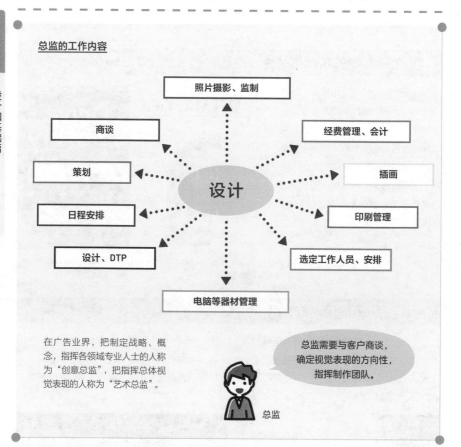

总监的工作内容

照片摄影、监制

商谈

经费管理、会计

策划

插画

日程安排

印刷管理

设计、DTP

选定工作人员、安排

设计

电脑等器材管理

在广告业界，把制定战略、概念，指挥各领域专业人士的人称为"创意总监"，把指挥总体视觉表现的人称为"艺术总监"。

总监需要与客户商谈，确定视觉表现的方向性，指挥制作团队。

总监

▶ "总监"这个职务的职责是什么

设计中所说的"监制"，具有多重含义。它既指制定产品的方向性或核心理念，又指为了让项目顺利进行，管理和指挥制作人员。

举个例子，在电影的片尾字幕上，会打出制作人员的职位和姓名。而统领、指挥这些制作人员的，就是导演或者总监。总监分为创意总监（CD）和艺术总监（AD），但工作内容常有重合，所以无法细致区分。

▶ 听取委托人的要求，撰写"计划书"

委托方通常有各种各样的设计目的。设计出来的产品能带来哪些预期效果，或者能如何改善现状，这些都是目标。将这些目标传达给多个广告代理商的说明会就叫做"招商说明会"。

广告公司接到委托之后，需要听取客户的要求，为达到这些要求，撰写"计划书"，总结出丰富多彩的提议。

总监和设计师也肩负公司的"顾问"一职，有着重要的职责。

计划书中应包含的内容

计划的背景	有无竞争对手，如何定位目标人群等
制作目的	可以预期的产品成果等
产品样式	如果是印刷，则需有样式和预期经费等
制作的顺序	摄影或插画交由谁负责等

在招商说明会中，听取委托方的要求，在计划书中写明上述内容，之后向企业提议。

▶ "汇报"和"总体设计稿"

将计划书中的内容转换为直观的图像，绘制"总体设计稿"也是设计师的工作。设计有多种切入点和手法，我们需要让对方明白，为什么选择了现在这一种。此时需要的是精确的描述，以及对理由的解释说明。

在汇报时，切忌含糊其辞，而是应该清楚地说明为何选择了现在这种表现手法。

> 我把最近流行的品位元素帅气地组合到了一起。我觉得还挺不错的，大家能感受得到吗？

> 我们的目标人群是30多岁的青年，他们对时尚有敏锐的嗅觉。我想要用今年秋冬的流行色吸引他们的眼球，并且想让他们一瞬间就能把握文本内容，所以精选了这些要素。

哪种说法更有说服力是一目了然的。我们要做好准备，让自己随时都能说明自己的设计意图。

提交多个设计方案

我们也可以准备多个设计方案，让客户来选择。但是在此并不推荐制作太多的方案。如果方案太多，那么我们花在每个方案上的时间就会随之减少，也会打压创意的气势，说不定还会使对方难以抉择。一般来说，一份自己最满意的方案，一份与之相对照的方案，还有一份略带挑战性的崭新方案，这3种就比较合适了。

A方案　　　　B方案　　　　C方案

006

"设计灵感"的成型过程

设计灵感的核心，其实就是构建"核心理念"的过程。通过听取客户的要求，进行调查，最终要锁定出一个最佳的核心理念。

观赏前人的优秀作品

要想有非凡的灵感，平日里就得好好收集信息。可以去看展览会或者个人展，接触各式各样的作品集，提升自己的品位。

确定核心理念，匹配图像

试着将产品的表现理念转化成语言吧。一旦定好了核心理念，就可以去寻找与之匹配的照片、插画、Logo了。

考虑结构，绘制草图

首先考虑符合理念的图画和Logo应该是什么样子的。把点子都画成草图，再进行汇总。

绘制能够体现灵感的总体设计稿

在草图的基础上，用电脑绘制一个粗略的成品图（总体设计稿）。总体设计稿能帮助我们和客户交流。

▶ 整理核心理念，思考作品结构，运用到产品中去

企业会通过广告，用一两句话、一两张图总结自家产品或服务的优点，并且在各种媒体上把信息传达给顾客。负责制作广告的总监或设计师需要听取客户的意见，再加上自己的实地调查，确定广告的表现理念。

最终，理念需要整合成一个短句，在制作人员间共享。再基于核心理念，考虑要使用什么样的照片和画。像这样组合各种素材，完成版面的设计。草图、粗略图可以促进各制作人员对核心理念的理解。

▶ 用"5W1H"整理既有的信息

在定好核心理念，准备着手制定详细的广告计划时，可以运用"5W1H"法来整理信息。还可以再加上经费预算的"How Much（多少钱）"，变成"5W2H"。

在绘制传单、海报等纸质设计的草图时，就可以运用"5W1H"法，检查所有的信息是否都已经齐全。

产品的5W1H

What	要制作什么？
Who	谁会来看这个设计？为谁而设计？
When	在什么季节、期间，或者场景下会看到？
Where	在哪看？室外还是室内？拿在手里还是远观？
Why	产品的目的是什么？贩卖？制造话题？形象诉求？
How	用什么方法制作产品？如何传达给目标人群？

▶ 绘制草图

简略勾画的草图是为了记录自己想到的灵感而画的。只需要短时间作画，所以粗糙一点也无妨。我们可以从多个简略草图中选出几个最好的，添加细节，绘制成包含详细结构的草图。之后可以把它当作给其他制作人员看的说明书。

简略草图

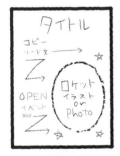

简略草图就是将浮现在脑海中的灵感快速落到笔上画成的草图。

包含详细结构的草图

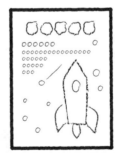

画好具体的图像，安排好文字大小的草图。

尝试制作一个图像板吧

在构思照片和插画的时候，可以使用网络上搜索到的素材图片，提高工作效率。我们可以从大量的图片当中，挑选合适的图片。当然，也可以使用自己拍摄的照片，或是从杂志等印刷品上裁剪下来的图画。把它们都汇总到一张板上，就成为一个图像板。

关键词
水灵灵、洁面、滋润、刚洗完澡、植物、水流、婴儿、干燥烦恼

007

排版设计需要"整理信息"和 "引导读者视线"

图形是为了向对方传达信息而存在的。正确地设计非常重要，但更重要的是有条理地整理信息。

整理好信息的排版

想让哪个部分最受人瞩目，就让它的尺寸和颜色脱颖而出，制造张弛感。

同一类型的信息（这里以日期为例），需要紧密地统一在一起，让它一瞬间就能映入眼帘。

这是分类、整理信息，使其符合内容的例子。这样不仅可以让版面变得美观，还可以让人一看就能记住重要信息。记住这点，试着比较一下这两个版本吧。

可以把信息分为适合用文字阐述的信息以及适合用图像展示的信息，根据需求，区别使用。

▶ 设计之前先整理信息

设计师首先要做的，就是整理需要刊载在版面上的信息。设计要素分为两类：一类是适合用文字表达的，还有一类是适合用照片、插画、颜色等视觉要素表达的。在安排时要确定好优先级。哪些是希望别人第一眼就能看到的，哪些是小面积的附加信息等，需要张弛有度，能够引导读者的视线。在上图图例中，大家第一眼能看到的就是大赛的Logo和插画，接着是比赛日期、大赛内容、详情，这些顺序都是有意为之的。

▶ 考虑什么要素比较合适

在接受设计委托之后，通常不会出现具体的"这里用插画"、"这里用原稿"一类的指示。待设计师确认了客户的目的和要求，就可以开始整理拿到手的文本稿件，考虑哪里用文字表达，哪里用视觉图像表达。

设计师会考虑哪种表达方式更容易被读者所接受，从而将合适的要素配置得清晰明了。标语要素要放大，广告图也要大（可参照下栏），把版面安排得张弛有度，注意不要过于单调。

这里是标题文字和插图，可将它们视做主视觉图，进行设计加工。

地点信息要和文本结合，再配一张地图，保证客人们不会迷路。

有些要素只能用文字传达。这些信息要尽量简洁，让人一目了然。

▶ 设置优先级别，引导读者的视线

在这个产品中，可以根据哪个要素有多重要——也就是重要程度——或者是想要规定的阅读顺序来调整各个设计要素的大小。在本例中，"要举办比赛"这个通知是最重要的，紧接着是"何时办"和"比什么"。最重要的要素需要最大尺寸，所以为了烘托这个主题，其他的部分可以稍加收敛。这种"减法思维"也是设计师必须具备的。

在本例中，图片的优先级别设置得很明确，视线走向也就能非常自然地流动了。

配上抢眼图片

在图形中最重要的要素当然是理论，但把其他要素作为抢眼图片也颇有成效。抢眼图片正如其名，是用来吸引观者目光的设计要素。例如添加小孩和动物等让人倍感亲切的照片与插画、名人的照片、时不时再配上有冲击性的图片，设计一些让读者感到"？？？"的神秘小元素也很有意思。

控制"大小对比度"引导读者视线

大小对比度，是指照片、文字等要素的大小比率。一大一小、有张有弛，可以借此引导读者的视线走向。

照片和文字的大小对比度

一行文字中也可设置大小对比，强调重要信息。

附加照片调小一些，提高照片的大小对比度。

除标语以外的文字都调小一些，提高文字的大小对比度。

▶ 想提高冲击力，就调高大小对比度，想让人仔细品读，则调小

照片或文字等排版要素的大小比率叫做"大小对比度"。有多张照片时，就指主照片和副照片的大小比率，文字排版时指正文和段落标题、大标题、序言等文字的尺寸大小比率。

大小对比度高，能增添动态和冲击力，表现出热闹的氛围，容易吸引眼球。大小对比度低，则可表现出一种沉稳的高级感、安心感、信赖感。可以考虑自己想传达的目的和内容，调试出合适的大小对比率。

▶ 文字的大小对比度

在设计时，需要根据阅读顺序，调整文字大小。海报、杂志等版面，需要将大小对比度调高，给人一种冲击性的动态感。但如果是企业宣传册这种需要强调信赖感的版面，就需要将大小对比度调低。另外，还可以调整字体、文字粗细、颜色等要素，突显张弛感。

快举! 世界最速

**市販アルカリ乾電池の
陸上走行速度記録を更新**

アマチュア愛好家による自動車模型の祭典「World Model Car Festival 2025（米国・カリフォルニア）」において、日本の大学生の愛好家グループが作成した、市販の単3アルカリ乾電池2本を使用した模型自動車が、これまでの速度記録を大きく上回る秒速34.62m（時速124.6km）で優勝した。同グループは乾電池による速度記録世界一をギネスブックに登録申請中で、今後さらなるスピードアップに挑戦するとしている。

这是控制了大小对比度，引导了阅读顺序的例子。

快挙! 世界最速

**市販アルカリ乾電池の
陸上走行速度記録を更新**

アマチュア愛好家による自動車模型の祭典「World Model Car Festival 2025（米国・カリフォルニア）」において、日本の大学生の愛好家グループが作成した、市販の単3アルカリ乾電池2本を使用した模型自動車が、これまでの速度記録を大きく上回る秒速34.62m（時速124.6km）で優勝した。同グループは乾電池による速度記録世界一をギネスブックに登録申請中で、今後さらなるスピードアップに挑戦するとしている。

这是进一步调高大小对比度，也赋予了字体变化的例子。

▶ 照片的大小对比度

设计照片时，需要将主图放大，把用于补充的次要图片调整得小一点。此时，大照片上一般使用特写，让读者看清细节；小照片使用远景照片，让读者体会到整体的氛围。

照片大小对比度低。

照片大小对比度高。

▶ 排版布局

调整照片大小之后，还要注意一下整体的排版。比如说，要搭配大、中、小3种照片时，与其在大照片旁边放一张中等尺寸的照片，还不如在它旁边放上一张小照片，这样排版会显得更有张弛感。

这种版面上感受不到大小对比。

让照片大小对比明显，张弛有度。

让要素"靠拢"汇总到同一组别

构思设计时，使同一等级的设计要素靠拢，使其分组，调整总体的均衡。

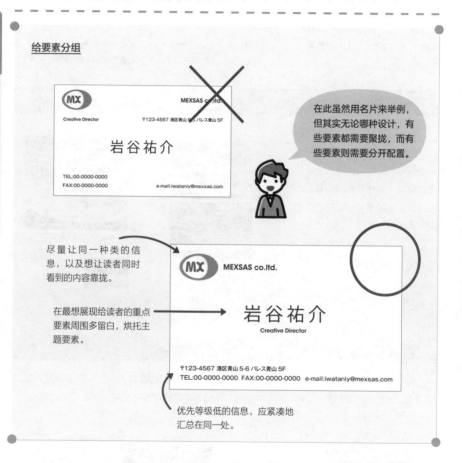

给要素分组

在此虽然用名片来举例，但其实无论哪种设计，有些要素都需要聚拢，而有些要素则需要分开配置。

尽量让同一种类的信息，以及想让读者同时看到的内容靠拢。

在最想展现给读者的重点要素周围多留白，烘托主题要素。

优先等级低的信息，应紧凑地汇总在同一处。

▶ 给信息寻找相似的"小伙伴"

专业设计师和业作设计者的最大差别就是他们对"间隔"的处理方式不同。要是间隔处理不好，就会失去整洁感，给人以坏印象。

信息内容相似的要素，在排版上也需要使其靠拢。同时，不那么重要的信息，就可以尽量浓缩，让读者放到最后再看。

像这样整理完之后，版面上自然就会生出"留白"部分。为了使最重要的信息更加显眼，我们需要将它的周围留白。留白的形状也需要注意。

▶ 需要靠拢的要素

拿照片和它的说明文稿来举例，想让读者同时阅读的要素，就需要尽最大可能使它们靠近，强调两者的关联性（参照右上图片的作品范例）。标题和其序言、宣传语、主视觉图等都可以称为需要靠拢的要素。如果你想要读者同时看到某些要素，但又让它们离得太远，读者就会困惑，视线也会随之散漫。把相似的要素分在同一组，就能使版面变得清爽。

像照片和说明文本这样，两者间有密切关系的要素，需要尽可能靠拢。

设计海报或者商品目录，则需要把主题照片和宣传标语要素放大。要是读者感兴趣，想要知道更多详情，那么我们可以把附属信息紧凑地总结之后，均衡地配置在版面上（参照右下图片的作品范例）。这样就可以烘托出主题照片和标语，把必要的信息毫无遗漏地传达给读者。

不太重要的要素，则需要简洁地总结，借此来衬托主题要素。

▶ 留白的构思方法

要是只把平面设计作品的留白，当作是一个"不小心空出来的地方"，那么整个作品就会太过粗糙，完成度低。在尝试搭配要素时，也应该多多注意因要素搭配而空出来的留白的形状。

白色的空间形状不太容易把握。所以，可以将版面调整为黑白两色，反相查看。这样白色部分就变成了黑色，方便观察形状。

要是有多处留白，那么就要留足主题要素周围的留白，好好考虑设计。留白的形状很规整的话，不仅整个版面看起来都简洁清爽，而且还可以起到烘托主题的作用。

如图，将黑白图片进行反相操作，就可以很直观地集中在留白的形状上。比起散乱地留白，还不如将它聚集在主题的周围，调整形状，设计成均衡的、有美感的作品。

► 010

找到要对齐的"线"

美观整洁的设计,离不开各个要素位置的对齐。
尽量去意识到能够对齐要素的看不见的"线"吧。

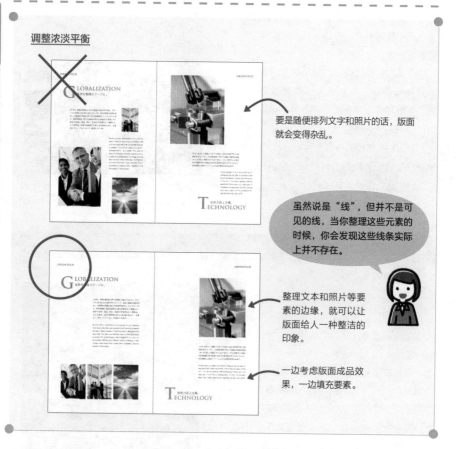

调整浓淡平衡

要是随便排列文字和照片的话,版面
就会变得杂乱。

虽然说是"线",但并不是可
见的线,当你整理这些元素的
时候,你会发现这些线条实际
上并不存在。

整理文本和照片等要
素的边缘,就可以让
版面给人一种整洁的
印象。

一边考虑版面成品效
果,一边填充要素。

► 端正的排版一定要有"线"意识

　　要是只是看着版面随机地填充要素,有
时就会视线游移而不知该看哪里。作为设计
师,我们在搭配照片和文本时,得意识到需
要对齐的线,给予读者安心的阅读体验。

　　此时,最重要的是规定版面范围的方形
参考框。该参考框虽然看不到,但只要把
要素按方形配置的话,就可以让读者注意到
版面,整个版面也能浑然一体,给人以稳重
感。在设计文本时,对齐行并把行长(1行的
长度)固定好,调整至和图片的线对齐吧。

▶ 把要素汇总成矩形的"箱型排列"

为了让要素看起来有"线",我们有必要将文本调整得接近于矩形。这样的排列方法叫做"箱型排列"。

箱型排列下,文本的行末尾会自动换行。此时将行对齐方式改为"两端对齐",就可以对齐行末尾了。将文本设定为两端对齐,不仅可以构成阅读方向上的线,更可以让行的两端都拥有线条。

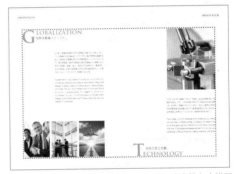

左图是没有对齐行末尾的例子。运用箱型排列,将文本进行两端对齐,调整为近似于矩形的形状,构造线条感。

▶ 意识到版面线条进行搭配

在设计版面时,首先要设计的就是"版面"的大小。合适的版面位置,根据产品的尺寸和式样(是单页还是多页,是海报还是拿在手上阅读的散页印刷品等)也有不同。

版面位置定好之后,就可以沿此线条配置要素了。这样版面的线条就得以强调,读者也可以安心地阅读,从而产生信赖感。

在本例中,红色虚线范围就是版面。根据这个线条来搭配要素,就可以使版面整洁清爽。

▶ 寻找需要对齐的线条

在搭配要素时,要使人能够感觉到文本与文本、文本与图像、图像与图像等各个要素之间的线条。在对齐时,最重要的就是,必须严格对齐,连0.1mm的偏差都不可以有。

但是,高度整理过的版面,有些时候也会显得单调无趣。我们时不时也需要下一番苦功,无视线条,故意不对齐而丰富设计。

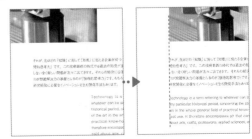

文本与文本、图像与文本等,能对齐的地方都要精确地对齐。

什么才是"协调"的设计？

"协调的设计"到底是怎样的设计呢？
在这里，我们将对版面设计中的"平衡"进行思考。

调整浓淡平衡

虽然主要商品或者宣传语确实需要设计得显眼，但是这样就太大了。

把主要部分调整得小一些。这样，充足的留白可以和左边的照片形成对比，不仅美观，而且给人一种浑然一体的稳定感。

好的"均衡"，不仅仅指单个要素内部的均衡，还包括和其他要素之间的关联性。感受各个要素的"浓淡"，对协调设计有着很大的作用。

▶ 设计时加法和减法都是必须的

版面上搭配的要素之间都是相互关联的。重要的是要思考怎样才能互相衬托，调整它们的均衡。在调整均衡时，为了衬托出重中之重，就必须要对其他要素加以限制，也就是要具备"减法"思维。

在观察均衡时，可以俯瞰，同时思考要素的"浓淡"。要注意不要偏颇，反之，也要注意不能太过均衡，导致画面过于单调。要素的明度越低，就越浓，面积越大，也越浓。要看清明度和面积的关系。

▶ 颜色的对比与均衡

要是把所有的要素都设计成均等的大小，均等搭配的话，虽然可以称之为"均衡"，但却不能成功地吸引到人们的眼球，也就是说没有魅力。静与动、阴与阳这样的对比结构，对版面效果至关重要。

颜色分为让人觉得轻快的颜色和让人觉得沉重的颜色。明度越低就越沉重，明度越高就越轻快。将轻快的版面和沉重的版面作为一个对开页，把它们左右或者上下配置，就可以营造出一种戏剧性氛围。

明度是用来形容颜色明暗的。明度最低的是黑色，反之，明度最高的就是白色。本例中左右两页运用了明度对比。左页铺上大面积图像，但在与其相对的右页上却运用了大量留白，中间搭配上商品和文本，创造了对比结构，制造出一种均衡。

▶ 文本的轻重与均衡

一般，想要突出的标题，就会使用加粗加大的文字。因为这样可以使要素变"重"，更能吸引到读者的目光。但是单凭重要程度排序，给文字搭配大小粗细的话，就太过于单调，有时看起来也会比较土气（参照右上的图例）。

根据粗细和字形设计的不同，对文字的看法也会产生变化。同样大小的文字，改变其粗细，虽然粗的字看起来会更重，但可以将粗字调得稍微小一点，这样显得更均衡。

在右下的图例中，使用了细的大字和粗的小字，使设计与众不同。设计时，特别是想突出都市的成熟风格效果时，最有效的就是细线字体+大字号。

越重要的文字就越要加粗加大，这样虽然符合理论，但是却显得非常单调。

就算线条细，但是只要字号大，一样能够引人注目。在考虑均衡问题时，我们应该养成这种把几个属性组合在一起的思维。

如何查看"字体格式"和字体名

事先记住字体数据的种类和格式吧。设计、印刷中主要运用OpenType字体，而商业中主要运用TrueType字体。

字体的种类

位图字体 ABCDE

· 一种简易字体，由黑白二值构成。
· 由点组成，对CPU的负荷小。
· 初期的电脑就使用了它。
· 各种家电、电子辞典、车内导航、工业机器、电子显示板等使用的都是这种字体。

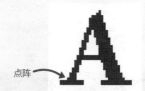

点阵

轮廓字体 ABCDE

· 一种能够实现文字轮廓平滑曲线化的字体。
· 使用时不论大小，都可以输出美观的文字。
· 广泛运用在电脑的画面显示和DTP、印刷领域。
· 标准字体格式有以下几种。

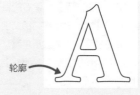

轮廓

OTF	TTF	T1	CID
OpenType	TrueType	Type 1	CID Keyed

▶ 位图字体和轮廓字体

个人电脑和家电等使用的字体有两种，那就是位图字体和轮廓字体。虽然现在的电脑基本上不使用位图字体了，但是它目前还是家电等设备的嵌入字体。

现在的电脑和设计、印刷领域使用的字体，基本上都是轮廓字体。因为文字的形状可以被保存为轮廓数据，所以就算扩大，画面显示和印字都还是很清晰。轮廓字体有OpenType字体和TrueType字体等很多种格式。

▶ 字体格式的种类

设计工作中使用的字体格式，就是下表中介绍的4种。CID和Type1字体，是用于DTP的传统格式；TrueType字体主要是在Windows系统下使用的；OpenType字体可以在Mac和Windows两个平台使用，也有字体数较多的Pro版。在图像处理软件中，可以在文件信息面板中显示正在使用的字体信息。

字体格式名称		特点
O	OpenType Font（OTF）	融合了PS字体和TrueType字体，加强了功能的最新字体格式。有两种，一种是普通字形数的Std版，另一种是扩张了字形数的Pro版
TT	TrueType Font（TTF）	主要用于画面显示的一种格式，常用于Windows系统和商业领域。字体设计的多样性丰富，但需要事先跟印刷厂确认是否能够成功印刷
a	Type1 Font	常用于Mac的西文字体和假名字体，是PS字体的一种。显示屏用的位图数据和输出用的轮廓数据是配套的，输出时，可以选择是添加字体还是轮廓化
a	CID-Keyed Font（CID）	Adobe公司开发的PS字体格式，可对应除西文字母以外的多种语言。在DTP业界，曾经是传统的字体格式。基本上只能在Mac系统上使用

在Illustrator的"文档信息"面板中，选择[字体]，就能显示选中的字体的名称和格式。

▶ OpenType字体内含的字体数量

OpenType字体是以Unicode为标准的，它可以载入多种字体，可以对应以前的很多需要造字（注：在活字印刷中，有一些印不出来的文字，需要从其他文字中取部分出来拼凑）或需要依靠外部文字导入才能输入的文字。

OpenType字体根据其开发时期不同，字体数量也有所区别。在最新的Adobe-Japan1-6中，共含有23,058个字体（参照右图）。

和文字体后面的后缀"Std""Pro""Pr5""Pr6"是用来表示内含的字体数量的。JIS于2004年发表了"JIS X 0213:2004"，其中168个文字改变了字形，还添加了10个新文字。这些经过了字形修改和新增文字的字体名称后面会有后缀"N"。

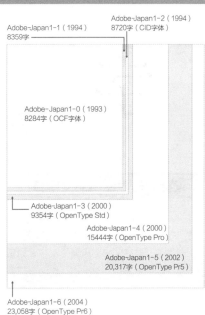

区别使用
"点""级""毫米""像素"

在设计中会用到各种各样的单位。在这里，将会向大家讲解文字单位"pt""Q"，以及程序中的图像单位"毫米""像素"该如何区别使用。

文字大小的单位（级、齿、点）

文字框

50pt
换算成毫米就是
17.64mm

72Q
换算成毫米就是
18mm

文字大小　　行间距

我们在InDesign中将文字大小的单位分别指定为点（pt）和级（Q）。
包围着文字的文字框（蓝色线条的方形）显示了文字大小。

以像素为单位

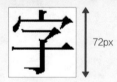

72px

我们在Illustrator中把文字大小的单位指定为像素（px）。把浏览模式调整为"像素预览"之后将画面放大，可以看到像素的小方形。

▶ 设计制作中使用的文字单位

制作纸质印刷品时，文字大小单位大多使用"级（Q）""齿（H）""点（pt）"。在着手制作前，应确定好要用哪个单位。如果想用毫米单位来表达文字大小，它和级、齿的换算是1Q=1H=0.25mm，和点的换算是1pt=0.3528mm。

制作Web产品时，一般使用"像素（px）"或"点（pt）"作为文字大小单位。px是画面像素的单位，随着画面分辨率的变化而变化。

提示：日本的级（Q）和齿（H）这两个文字大小单位在我国并没有使用，我国目前用的文字大小单位是点（pt）和字号，由于字号大小的级别有限，因此在设计和印刷行业更多使用点（pt）。

▶ 在首选项中切换单位

要想在程序中切换单位，只需执行菜单栏中的"编辑→首选项→单位"命令。在打开的"首选项"对话框的"单位"选项面板中有"常规""描边""文字"等选项，我们可以单击其右侧的下拉按钮来选择单位。标尺的单位在操作过程中也可以更改。

在Illustrator中，选择"编辑→首选项→单位"命令，就会打开"单位"选项面板。

单位的设定面板中，有"常规""描边""文字""东亚文字"4个选项。我们需要在下拉菜单中选择每个项目的单位。

在标尺上单击鼠标右键，就可以更改标尺的单位。

▶ 如何在输入框内填写单位或进行运算

我们可以在面板的输入框中直接输入大小数值，而且我们可以在数值后面直接加上mm、pt、Q、px来指定单位。

我们还可以在输入框中直接进行加减乘除四则运算。加法用"+"，减法用"-"，乘法用"*"，除法用"/"，输入这4种符号就可以进行运算。

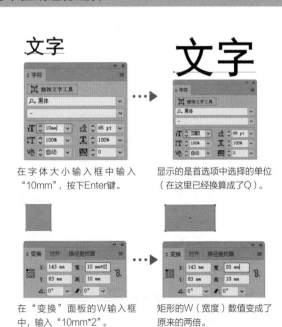

在字体大小输入框中输入"10mm"，按下Enter键。

显示的是首选项中选择的单位（在这里已经换算成了Q）。

在"变换"面板的W输入框中，输入"10mm*2"。

矩形的W（宽度）数值变成了原来的两倍。

014

不同的日文字体给人的印象也不同

要选择哪一种日文字体，在平面设计中是至关重要的。
这是因为改变字体会让整体氛围焕然一新。

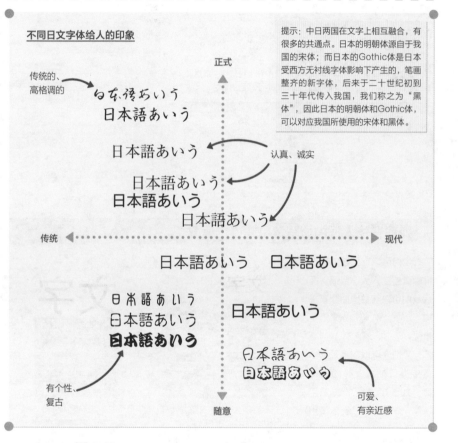

不同日文字体给人的印象

提示：中日两国在文字上相互融合，有很多的共通点。日本的明朝体源自于我国的宋体；而日本的Gothic体是日本受西方无衬线字体影响下产生的，笔画整齐的新字体，后来于二十世纪初到三十年代传入我国，我们称之为"黑体"，因此日本的明朝体和Gothic体，可以对应我国所使用的宋体和黑体。

传统的、高格调的

认真、诚实

正式

传统 ◄ ────────────────────► 现代

有个性、复古

随意

可爱、有亲近感

▶ 用来品读的"明朝体"和用来看的"Gothic体"

字体是能够左右版面印象的关键要素。"明朝体"适用于需要读者仔细品读的文章。"Gothic体"适用于想要强调的部分，或者是让读者随便看看的非正式场合。另外，还有一些复古的字体，和一些适用于传递欢快热闹气氛的字体。

就算字体相似，但是它们的细节也各有不同。我们需要观察它们的"骨架"、"字体空间"（字体笔画与笔画之间的空间间隔）、"细节"和排列印象等等，灵活熟练地运用它们。

▶ 日文的构成要素

日本字体是在正方形的"文字框"中用线条书写出文字骨架，再给它添上"肌肉"的。文字是不会超出文字框的范围的。实际的文字大小被称为"字面"，每个文字的字面都有区别，并且就算是同一文字，它的字面也会随着不同的字体产生大小变化。现代的字体字面偏大，传统的字体字面偏小。

现代字体

传统字体

▶ 骨架和字体空间

为了知晓字体的特征，我们把视线集中在文字的骨架上看看吧。箭头所指的部分分别叫做"骨架"和"字体空间"，文字空间宽，就能给人以广阔、开放的轻快印象；文字空间窄则给人一种紧凑整齐的印象。现代字体有放宽字体空间的倾向。

现代字体

传统字体

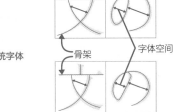

▶ 明朝体、Gothic体的细节

明朝体是一种注重运笔的字体，起笔部分倾斜，同一根线条中分粗细部，细节部分可见笔触。现代的明朝体运用几何学原理，构造明快。也有字面、骨架、字体空间都偏大，但细节处理又偏古风的字体，这种设计使人有亲近感。

Gothic体也是同样，古风字体一般会意识到运笔，在细节部分可见其笔触。现代字体运用几何学原理，就算是平假名也分水平结构和垂直结构两种字体。同时，和明朝体一样，一些字体字面、骨架、文字空间偏大，体现了其现代特征，但细节处理又有古风韵味，富有人情味。

传统的明朝体　　现代的明朝体　　有人情味的
　　　　　　　　　　　　　　　　明朝体

传统的
Gothic体

现代的
Gothic体

有人情味的
Gothic

西文"排字"的构成要素和术语

"西文"就是指用字母书写的文字。在这里，我们先来看看西文字体的设计种类和特征吧。

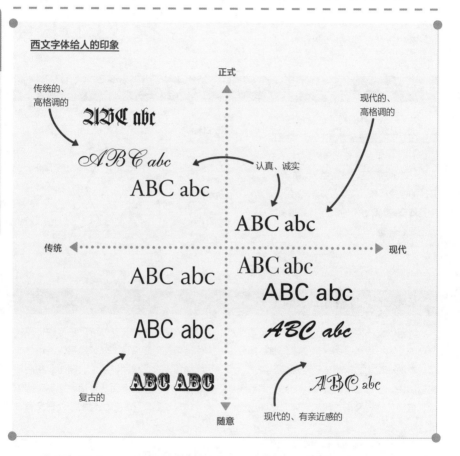

西文字体给人的印象

传统的、高格调的

现代的、高格调的

正式

认真、诚实

传统 ◀ ········· ▶ 现代

复古的

随意

现代的、有亲近感的

▶ 传统的"Serif体"和现代的"Sans-serif体"

西文字体有很多种类，每一种字体都有它不同的个性。西文字体大致可以分为3种。

首先，"Serif体"这种字体，是有衬线（Serif）的字体，好辨认，使用范围广，传统且有安心感。

"Sans-serif体"偏现代风格，浑厚有力。

其他字体都被划分为"装饰体"。手写风的笔记体、POP体等，设计上都有其各自的特点。这类字体适用于短标题或者开头导语，不适合正文。

▶ 西文文字的构成要素

如右图所示，字母的设计是以5根平行线为基准的。"基准线"固然重要，可更重要的是规定小写字母高度的"x高度"。x高度高，则小写字母字号大，并且给人一种有力的现代印象。

升部线
大写线
小写线
x高度
基线
降部线

x高度低的字体

The typography is the art and tech type, and modifying type glyphs. T modified using a variety of illustrat arrangement of type involves the se

x高度高的字体

The typography is the art and t arranging type, and modifying t created and modified using a va techniques. The arrangement c

▶ 着眼于"字谷"

"字谷"就是指"C"或者"O"这样的文字中间的空间。字谷宽，则有开阔感和现代感，字谷窄，则有密度感和有力感。

字谷宽的文字

字谷

字谷窄的文字

▶ 观察细节

文字的细节也左右着字体给人的印象。一般的Serif字体多使用曲线，有古风感，要是多运用直线则有现代感。一般的Sans-serif字体运用几何学原理，以有力为特征，要是线条有强弱变化，则会给人一种温柔的感觉。

传统的Serif字体　　有力的Sans-serif字体

现代的Serif字体　　温柔的Sans-serif字体

活用系列字体营造统一感

西文中有字体设计相同，但在斜体（Italic）、粗细（Weight）上有变化的版本。活用它们，就可以保证整体的统一感，还能给版面带来变化。

Condensed　　Extended

Light　AaAa　AaAa　AaAa
　　　AaAa　AaAa　AaAa
Bold　AaAa　AaAa　AaAa

排出的文字要符合视线的自然走向

进行文字排版时，方便阅读是基本原则。为此，我们需要理解文字的功用，设定最佳的字号和行距等。

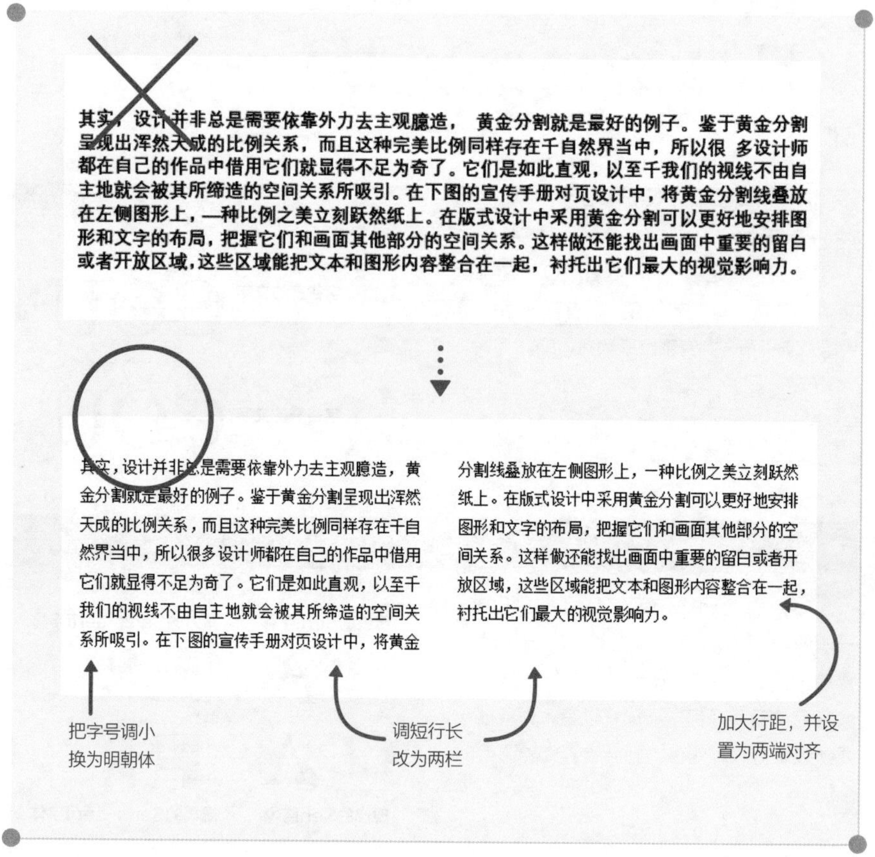

其实，设计并非总是需要依靠外力去主观臆造，黄金分割就是最好的例子。鉴于黄金分割呈现出浑然天成的比例关系，而且这种完美比例同样存在千自然界当中，所以很 多设计师都在自己的作品中借用它们就显得不足为奇了。它们是如此直观，以至千我们的视线不由自主地就会被其所缔造的空间关系所吸引。在下图的宣传手册对页设计中，将黄金分割线叠放在左侧图形上，一种比例之美立刻跃然纸上。在版式设计中采用黄金分割可以更好地安排图形和文字的布局，把握它们和画面其他部分的空间关系。这样做还能找出画面中重要的留白或者开放区域，这些区域能把文本和图形内容整合在一起，衬托出它们最大的视觉影响力。

其实，设计并非总是需要依靠外力去主观臆造，黄金分割就是最好的例子。鉴于黄金分割呈现出浑然天成的比例关系，而且这种完美比例同样存在千自然界当中，所以很多设计师都在自己的作品中借用它们就显得不足为奇了。它们是如此直观，以至千我们的视线不由自主地就会被其所缔造的空间关系所吸引。在下图的宣传手册对页设计中，将黄金

分割线叠放在左侧图形上，一种比例之美立刻跃然纸上。在版式设计中采用黄金分割可以更好地安排图形和文字的布局，把握它们和画面其他部分的空间关系。这样做还能找出画面中重要的留白或者开放区域，这些区域能把文本和图形内容整合在一起，衬托出它们最大的视觉影响力。

把字号调小
换为明朝体

调短行长
改为两栏

加大行距，并设
置为两端对齐

▶ 将文字排列视为一个整体

在判断正文这种大段文字是否方便阅读时，最好不要把文本本身当作焦点，而应该将它和它的排列看作是一个整体，从远处观望一下。此时，要是文字过粗或者行距过窄，那版面看起来就会黑乎乎一片，不方便阅读。要是一行的长度过长，分栏后适当调整行距才能方便读者阅读。这些细微的设置左右着文章是否方便阅读，所以建议大家要多多培养自己的判断能力。

▶ 什么样的行距方便阅读？

阅读文本时，横排文字是从左到右阅读，竖排文字是从上到下阅读，阅读文章就是重复这个过程。要是行长过长，就不容易找到下一行的开头。所以，行距最好根据整行的长度来进行调整。一般来说，行长长，则行距就应该稍宽；行长短，则行距就应该稍窄。这样才能方便阅读。

单倍行距

鉴于黄金分割呈现出浑然天成的比例关系，而且这种完美比例同样存在于大自然当中，所以很多设计师都在自己的作品中借用它们就显得不足为奇了。

1.5倍行距

鉴于黄金分割呈现出浑然天成的比例关系，而且这种完美比例同样存在于大自然当中，所以很多设计师都在自己的作品中借用它们就显得不足为奇了。

▶ 箱型排列需要设置"两端对齐"，对齐行末尾

一般来说，文字横排时，对齐方式有"左对齐""右对齐""居中对齐"；在竖排时，有"上对齐""下对齐""居中对齐"这几种。在对齐2~3行长的标题文字或者是宣传语时，改变对齐方式，会带来很大的变化。

"箱型排列"的行末尾会自动换行，将对齐方式选择为"两端对齐"，行末尾就可以完全对齐了。日文字体本来就是按照正方形来设计的，所以行末尾对不齐的情况不多，但是文中掺杂西文、数字的话，行末尾就很难对齐，所以设置为两端对齐是非常有必要的。

左对齐	居中对齐	右对齐
黄金分割	黄金分割	黄金分割
自然界	自然界	自然界
作品	作品	作品

对齐方式：左对齐

ISO 国际纸张标准尺寸系统是以 2 的平方根（1∶1.4142）为宽高比依据的。

对齐方式：两端对齐（均等配置、最后一行左对齐）

ISO 国际纸张标准尺寸系统是以 2 的平方根（1∶1.4142）为宽高比依据的。

▶ 将长文分栏，缩短行长

行长就是指一行的长度。小说一类的文本，因希望读者仔细阅读，所以会把行长设置得偏长，且分栏不多。但像杂志的文章就不同了，我们希望读者以一定的节奏来阅读文章，所以会分为多栏，调短行长，使读者能看得更顺畅。在杂志的排版中，我们可以分多栏，插入大大小小的插图，营造节奏感。

栏和栏之间的间隔（栏间距）也十分重要。基本上，我们至少也要空出两个字的宽度。

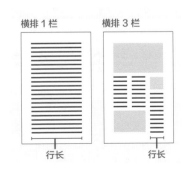

设计时，标题文字的大小和字间距要作细致设定

标题需要均衡地搭配其文字。组合的文字的字号大小和留白的搭配方式不同，文字给人的印象也会大幅度改变。

标题文字的编排方式

按默认设置打字，不做任何设计

ヨーロッパの魅力

↓

调节文字间距，调整过度的留白

ヨーロッパの魅力

要加工
标题文字
使其方便阅读哦。

↓

进一步调整各个文字

长音符号的长体变形　　　　　缩小平假名

放大片假名　　　缩小促音

提示：日本文字有平假名、片假名和汉字三种。平假名和片假名相对于汉字字面并不饱满，所以需要微调字距来平衡整体均匀的松紧程度。我国使用的汉字字面比较饱满，每一个汉字所需的字距基本相同，所以一般不另外微调字距。

▶ 微调标题文字，使其看起来更像一个整体

西文的每个文字的宽度会随着文字间的间隔，自动地进行调整。但是，日文的设计是把字放在文字框内，单是打字的话只能让正方形的文字框无间隔地排列在一起。但由于每个文字的字面是不同的，所以文字间隔也各不相同，不方便阅读。因此，为方便阅读，标题文字需要微调每一个文字的字距。调窄、压缩字距能让整体文字生出一种紧张感和凛然的美感。相反，想要营造出轻松悠闲的氛围时，可以将文字间隔调宽。

▶ 字偶间距和字符间距

在想要收紧（或分开）的文字间放置光标，设置微调数值，即可调整字偶间距。选中想要收紧（或分开）的文本段，设置微调数值，即可调整字符间距。设置正数能分开，设置负数则能收紧。

字偶间距　　字符间距

字偶间距值：－200

字符间距值：－200

▶ 文字的长体、平体、斜体变形

没有经过变形处理的文字叫做"正体"。经过垂直方向变形的文字叫做"长体"，经过水平方向变形的文字叫做"平体"。朝斜方向变形的文字叫做"斜体"。要是文字变形过头的话会导致其不好辨认，这点必须注意。

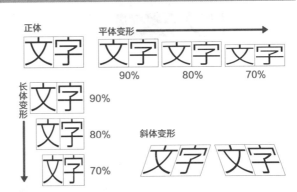

正体　　平体变形 ⟶

90%　80%　70%

长体变形　90%　80%　70%

斜体变形

▶ 运用Illustrator的修饰文字工具加工标题文字

修饰文字工具是CC版本增加的新功能。利用它可以选择单个文字，用拖曳实现文字的放大缩小、旋转和移动操作。运用这个工具修饰标题文字，就可以用鼠标凭着感觉来操作设计了。

利用文字工具输入文本，在工具箱或"字符"面板中选择修饰文字工具，就可以选中单个文字。然后操作5种控制点，即可编辑个别文字。

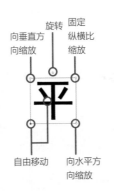

旋转　固定
纵横比
向垂直方　缩放
向缩放

自由移动　向水平方
向缩放

缩放文字

旋转文字

移动文字

活用"字形"面板
写出人名、地名、异体字和特殊符号

同音或同义但不同字形的字叫做"异体字"。要使用人名、地名的异体字，就要使用能够链接OpenType字体的异体字的软件。

通过"字形"面板输入异体字

在Illustrator或InDesign中，选中想要变更为异体字的文字，异体字的候补选项就会出现在右下角。我们可以单击鼠标，选择想要变更的目标文字。

变换完之后。

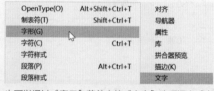

也可以通过"窗口"菜单中的"文字"选项调出"字形"面板。

选中想要变更为异体字的文字，在"字形"面板中单击该文字右下角的三角按钮，选择想要变更的目标文字。

提示：异体字是一个字的正体之外的写法，我国汉字也存在"异体字"的情况，但不能简单理解为异体字就等于繁体字，例如"烟"与"菸"和"煙"。规范使用我国汉字，应参照主管部门颁布有关异体字的规范，如《简化字总表》、《语言文字规范手册》、《中华人民共和国国家通用语言文字法》等。另外，由于Illustrator和InDesign并没有像针对日本异体字的中文异体字替换面板设置，所以在排版时尤其需要注意。

▶ 异体字需要在对应的软件中的字形面板中输入

异体字，是指读音相同或者意义相同的异形文字。举例来说，姓氏渡边中的"边"字，有"邊"和"边"等多个相异形态。这样的异体字，在人名、地名中都有所运用，有时也需要输入、输出这些文字。异体字和通常使用的"基本字形"不同，一般被放在其他的领域中管理。因此，要想使用异体字，就必须链接上这个领域，所以需要软件具备字体、字形的切换功能。Illustrator和InDesign中，可以使用字形面板来使用此功能。

▶ 异体字的显示和选择

Illustrator和InDesign中，显示"字形"面板的操作都是相同的，都需要从"文字"菜单中选择"字形"命令来打开面板。字体和字形的切换，需要在文件上输入标准文字，并选择其中1个，展开字形面板，双击想要使用的异体字。

选择想要更改的文字，从"文字"菜单中选择"字形"命令。

从"字形"面板显示的列表当中，双击想要变更的目标文字就可以进行输入了。

▶ 常用的符号、标点

DTP除了文字和数字之外，也会使用到大量的符号、标点和单位。比如说㏍或①、②……等等。这些符号也能从字形面板中选择。不过，根据字体不同，能使用的符号也不同，这点需要大家注意。

要使用标点和符号，可以从字形面板中的"显示"中选择不同的种类（参照右图）。以下是有代表性的符号、标点的名称。

在字形面板中输入异体字

标点、符号的种类

。	句号	‥	2点省略号（日文符号）
、	顿号	「 」	角括号
.	西文句号	『 』	空心角括号
,	逗号	（ ）	括号、括弧
｜	间隔号	[ ]	方括号
:	冒号	〈 〉	尖括号
;	分号	{ }	花括号
?	问号	【 】	实心凸性括号、黑括号、中括号
-	连接号（短横线）	`` 〃	爪括号（日文符号）
—	连接号（一字线）	' '	单引号
…	省略号	" "	双引号

019

确定方便阅读的"排版规则"

排版规则需要仔细地设置很多要素。比如文字大小、行间距、行长，不仅如此，还有标点溢出、避头尾处理、标点挤压处理等。

设定行距

> 重复纹样是指将相同的图形或者装饰图案不断地进行重复，如果图案之间离的太近或者彼此相交，那么重复纹样就会变得不再有识别性，进而融合成为一个新的拙象图形了。

文字大小：15pt
行距：19pt

> 重复纹样是指将相同的图形或者装饰图案不断地进行重复，如果图案之间离的太近或者彼此相交，那么重复纹样就会变得不再有识别性，进而融合成为一个新的拙象图形了。

文字大小：15pt
行距：21pt

可以将它打印出来检查一下是否方便阅读哦。

设置注音

jì yì
记忆

单字注音·左端对齐

jì yì
记忆

单字注音·居中对齐

jì yì
记忆

词组注音·右端对齐

▶ 设定为方便阅读的文字大小、行距、行长

文字大小需要根据读者的年龄层来设置。跨度最好设置为正文文字大小的1.5～2倍。如果行长短，为方便阅读，可以把行距调窄。如果有标点溢出，那么可将行距设定得稍微宽一些。标点溢出种类如上图所示。

在确认印刷品是否方便阅读时，尽可能把它打印出来吧。显示屏上的阅读体验和纸张上是不一样的。同时，如果是Web产品，则需要在台式电脑、平板电脑、手机上分别确认。

▶ "标点溢出"的规则

我们事先就需要设定规则，规定在行末尾有标点符号时，是要把它挤入本行之内，还是放在下一行。设置了标点溢出之后，当行末尾有标点符号时，就可以把它们放在框外。在软件的"段落"面板扩展菜单中选择"中文标点溢出"，就可以选择"无""常规""强制"。

标点溢出：无　　　　标点溢出：常规　　　　标点溢出：强制

▶ "避头尾"规则

> 提示：避头尾规则也适用于我国文字的排版，但促音和长音符号是日本文字特有的现象，我国汉字并不需要这样的设置。

避头尾是指，不将逗号、句号或括号、问号等符号放置在行首。这样可以使文章更美观，也更方便阅读。在"段落"面板中，可以选择"严格的避头尾"和"宽松的避头尾"规则。使用"严格"，则可以设置，不将促音和长音符号放在行首。

在"段落"面板的"避头尾集"下拉列表中，可以进行选择。

运用严格避头尾，可以将"っ"、"ゃ"等促音或长音（一）设置为避头尾对象。在范例作品中，「ニャーニャー」处就是不同设定的范例。

宽松的避头尾　　　严格的避头尾

▶ "标点挤压"的规则

在"段落"面板的"标点挤压集"中，可以将标点符号设置为半角/全角，也可以设置行末尾的标点位置和首行是否缩进1字符等。右图是InDesign中的"段落"面板。有15种默认设置可供选择。

『吾輩は猫である』（わがはいはねこである）は、1905 年1 月、『ホトトギス』に発表された。

行末尾标点符号半角

『吾輩は猫である』（わがはいはねこである）は、1905 年1 月、『ホトトギス』に発表された。

标点全角

020

将文本分级进行整理

让文本分级，给文字的字符增添强弱，这样，读者就更容易观看版面了。我们可以把字符登录到样式里，让书籍或杂志风格上更加统一。

标题、序言

"设计灵感"的成型过程

设计灵感的核心，其实就是构建"核心理念"的过程。通过听取客户的要求，进行调查，最终要锁定出一个最佳的核心理念。

标题文字要醒目，所以字号要大。序言是整个文章总体内容的要旨。

段落标题、正文

▶ **整理核心理念，思考作品结构，运用到产品中去**

企业会通过广告，用一两句话、一张图总结自家产品或服务的优点，并且在各种媒体上把信息传达给顾客。负责制作广告的总监或设计师需要听取客户的意见，再加上自己的实地调查，确定广告的表现理念。

最终，理念需要整合成一个短句，在制作人员间共享。再基于核心理念，考虑要使用什么样的照片和画。像这样组合各种素材，完成版面的设计。草图、粗略图可以促进各制作人员对核心理念的理解。

小标题是正文内容的简短总结，要设计得比正文显眼。

插图、说明文稿

印刷、加工、装订

胶版印刷机　　　按需印刷机　　　折纸机、裁断机

把输出的印版放置在印刷机上进行正式印刷。要是印刷数量少，不需要印版，可以使用按需印刷机。印刷后，会进行折叠或者裁断加工。

插图旁边需要配上小标题和说明文稿，来说明插图的内容。

▶ 纸面上的文本要素需要分级整理

　　以本书为例，来看看文本的分级和版面的设计范例吧。书籍或者杂志的文本一般来说，都是以"标题"→"序言"→"小标题"→"正文"→"说明文稿"这个顺序来进行分级归类的。撰稿人或者编辑在执笔、编辑时，需要把每一个文本都整理出来，把它们归类到某一个阶层中。

　　设计师接收文本之后，就要根据分好的等级来决定文字字符。使读者的视线走向随着等级顺序流动，添加强弱和节奏，认真谨慎地调整文字大小和字体等参数。

▶ 标题、小标题的分级

在整理目录时，等级从大到小，标题顺序应该是篇（部）·章·节·项·目。有时章·节·项等级也会以西文数字形式表示为1、1-1、1-1-A。

纸质的印刷品需要根据文本的等级设置样式，添加至段落样式面板。制作Web产品或电子书，则需标好<h>或<p>标签，设置各自的文字样式进行等级整理。

```
大标题 1
中标题 1-1
    小标题 1-1-1
    小标题 1-1-2
    小标题 1-1-3
中标题 1-2
    小标题 1-2-1
    小标题 1-2-2
大标题 2
中标题 2-1
    小标题 2-1-1
```

在制作目录时，需要将文本分级整理。

```
<h1>大标题</h1>
<h2>中标题</h2>
<h3>小标题</h3>
<p>段落</p>
```

制作Web产品或者电子书时，需要使用CSS（Cascading Style Sheets）设置文字样式。<h>标签可以划分为<h1>～<h6>等级，分别指定样式。

▶ 在页面的留白处设置页眉标题/侧边标题，方便检索

"页眉标题"是一种放置在书籍的版面外侧的标题。在页面的相同位置设置页眉标题，可以大大提高检索性能。在开页杂志的两面都设置页眉标题，就叫"双面标题"，单在奇数页（如果是横排书籍，则在左页；如果是竖排书籍，则在右页）设置标题，就叫"单面标题"。原则上来说，要是设置了双面标题，则需在偶数页写出1级标题的标题名称，在奇数页写出2级标题的标题名称。

"侧边目录"一般运用在百科全书、手册、商品目录中。在翻口出标上五十音图、字母、章节名称等，这样读者就可以迅速地翻找到自己想要的信息，提高了检索性能。在添加侧边标题时，记得要把翻口处的留白留宽、留足。

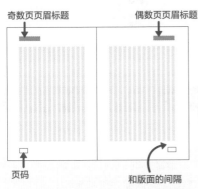

在页面的版面之外（留白区域）放置页眉标题或者页码。字号要比正文小。

将标题放置在翻口中央处

本书中使用的页眉标题和侧边标题。

检查文本是否符合书写规则
注意不要出错

要是文本书写不统一，读者也许就会感到困惑。最好制定书写规则，将原稿设计得便于阅读。

年号、日期的书写范例

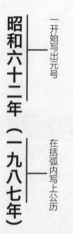

一开始写出公历 · 在括弧内写上元号

一九八七（昭和六十二年）

一开始写出元号 · 在括弧内写上公历

昭和六十二年（一九八七年）

使用汉字的数字 · 在两位数中间加上「十」

一九八七年一月二十三日

全角输入阿拉伯数字 · 两位数的数字用半角数字输入，设置为竖中横排

1987年1月23日

单位的书写范例

千米 —— 全角输入

km —— 用英文字母、数字输入

ｋｍ —— 用全角、1字符的符号输入

根据每个出版社和报社的要求，书写规则有可能不同。

▶ 统一书写

在编写文本时，我们需要定好书写规则，统一整体版面。比如说，输入数字时，要先定好是使用阿拉伯数字还是汉字的数字，竖排书写时，两位数的数字是否需要用半角数字输入，并设置为竖中横排等等，这些规则都需要事先制定。

注音的排列规则有上端对齐、居中对齐、单字注音、词组注音等等。

书写符号时，可以从英文和数字、约定符号、符号这几项中进行选择。

因规则繁多，我们一般会在编辑部内部制定统一的规则，进行运用。

▶ 校对和校阅

一旦确定了设计稿，客户就会检查已完成的稿件（也叫"样稿"），进行校对工作，指明需要修正的地方。校对工作不仅要检查文本，还要检查插图和排版格式等。

"校阅工作"是指检查文书、原稿有无错误或者遗漏，并对此进行商讨。有明显的错误，就需要用红笔将修改意见标注出来，但在有待商榷的地方，需要用铅笔标注，向著者确认。通过校对、校阅工作，稿件将会得到多人的检查，错误也就更容易被发现了。

让多人检查同一份稿件，更容易发现错误。在大型出版社和报社中，有专门负责校阅的工作人员。或者，校阅工作这一环节会被外包给其他公司。

▶ 注意书写错误

在用电脑输入文字时，汉字都会自动显示。因此，近几年越来越多的人发现不了错字。尤其是人名、企业名、商品名这类的专有名词，在输入的时候要特别小心。人类的记忆总是模糊暧昧的，所以我们要养成习惯，善用网络搜索正确的文字表述。

> 提示：由于日本文字有平假名、片假名和汉字三种，在编写、排版时均有固定的正式用词和格式要求，实为日本特有的情况。

在书写专有名词时，不要先入为主，要仔细查证

人名

✕ 葛飾北斎	○ 葛飾北斎
✕ 藤岡弘	○ 藤岡弘、
✕ モーニング娘	○ モーニング娘。

企业名、商品名

✕ キャノン	○ キヤノン
✕ 富士フィルム	○ 富士フイルム
✕ キューピー	○ キユーピー
✕ 写るんです	○ 写ルンです

活用"查找与替换"功能修正文本

在统一书写时，运用应用程序的"查找与替换"功能，就可以搜索到文件中的特定语句进行替换。但是，请注意，如果本来的稿件中书写方式不一样（比如说，原文中既有"早安少女。"，又有其简称"M娘。"），那么，1次操作只能替换其中一种。

022

提高文本的可辨性、可读性、猜读性

为了让文本更便于观赏、便于阅读、便于理解，我们需要注意哪些事情呢，一起来考虑考虑吧。

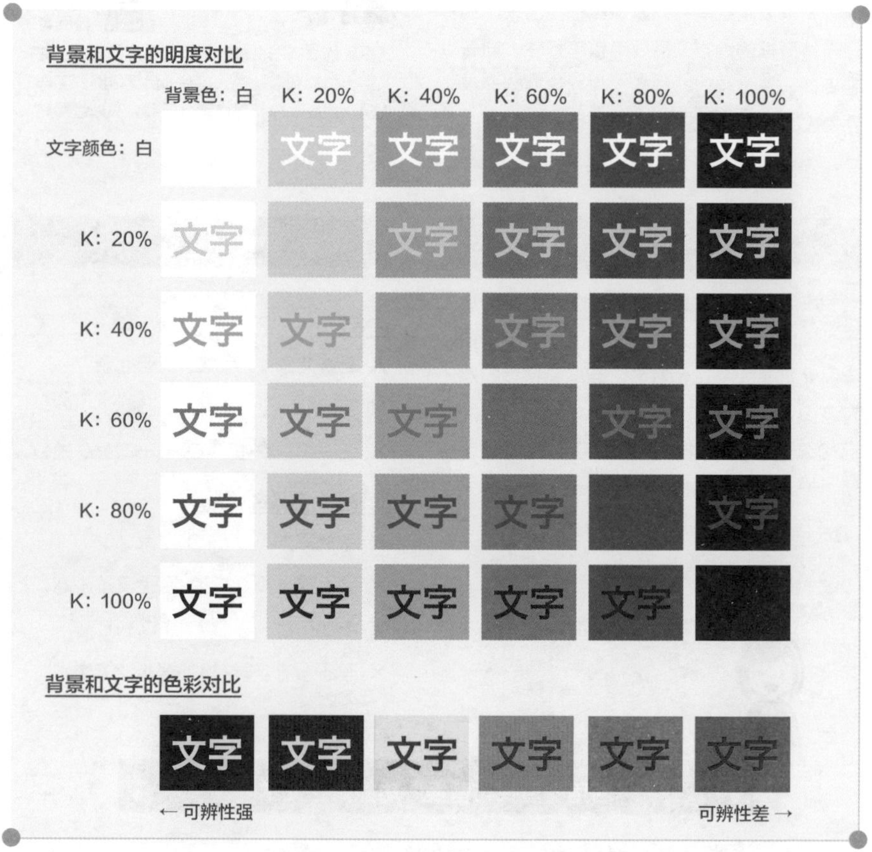

背景和文字的明度对比

文字颜色	背景色：白	K: 20%	K: 40%	K: 60%	K: 80%	K: 100%
文字颜色：白		文字	文字	文字	文字	文字
K: 20%	文字		文字	文字	文字	文字
K: 40%	文字	文字		文字	文字	文字
K: 60%	文字	文字	文字		文字	文字
K: 80%	文字	文字	文字	文字		文字
K: 100%	文字	文字	文字	文字	文字	

背景和文字的色彩对比

文字　文字　文字　文字　文字　文字

← 可辨性强　　　　　　　　　　　　　可辨性差 →

▶ 提高可辨性——加强与背景的对比，使其突出

可辨性是用来评判文字是否容易辨识，以及其程度高低的指标。大家可以回想一下街上的广告牌，便于辨认的广告牌，一定都是背景和文字颜色有着明度区别的。

在上图，我列出了背景和文字颜色的明度区别一览表。明度区别不达40%，文字就会变得难以辨认。80%以上，则更容易看清。

在搭配文字颜色和背景色时，明度对比大，则可辨性强。像黄色和黑色的搭配就是明度对比大，且可辨性最强的搭配。

▶ 提高可读性——考虑读者的年龄层

可读性是用来评判文章是否容易阅读，以及其程度高低的指标。这个指标可以检验判断在读者看到文章的第一眼时，是否能感觉到容易理解，是否能正确、快速地阅读，并且不会感到视觉疲劳。

在处理正文类的长文时，一般来说，明朝体是最适合的。明朝体在假名、汉字、英文之间有文字设计上的微小区别，所以更容易把握文章大意。处理段落标题类的短文本或者小型的说明文稿，则可辨性强的Gothic字体更加适用。

另外，我们需要根据读者年龄层的不同，调整文字大小。字号的大致标准是：
①初中生及以上　　8点、12Q以上
②小学5、6年级学生　　9点、13Q以上
③小学3、4年级学生　　10点、14Q以上
④小学1、2年级学生　　12点、16Q以上
⑤学龄前儿童　　16点、24Q以上
先记住这些数值吧。

明朝体（宋体）的文字大小

6pt	我是猫
7pt	我是猫
8pt	我是猫
9pt	我是猫
10pt	我是猫
11pt	我是猫

Gothic体（黑体）的文字大小

6pt	我是猫
7pt	我是猫
8pt	我是猫
9pt	我是猫
10pt	我是猫
11pt	我是猫

提示：由于日本文字有平假名、片假名和汉字三种，在编写、排版时均有固定的正式用词和格式要求，实为日本特有的情况。

▶ 提高解读性——编排出容易理解的文本

解读性是用来评判文章是否容易理解，以及其程度高低的指标。我们需要检验，自己是否准确传达了文章所要表达的意思，以避免读者看错。

起草文本时，心中要有使用"常用汉字"的意识。常用汉字是由日本政府选定的，用于书写在日常生活使用的现代日语的标准汉字。在书写专有名词等常用汉字以外的内容时，最好是加上注音，便于读者阅读。

在校对文本时，尽量避免"头痛很痛"、"从马上落马"等重复语句。此外，还要将文体统一为「です、ます」体，或者是「だ、である」体（对话文或者引用文例外）。

要是不知道该怎样书写，可以看看出版社或者报社编写的用语集和手册，放在手边多加参考。

文化厅的主页上有常用汉字表的PDF文件，供大家下载使用。

左：《记者手册 第13版 新闻用字用语集》（共同通讯社）、右：《日语书写规则集 第2版》（日本编辑学校）

023

先确定"主色"再选择配色

想要确定整体配色，要先从主色开始选起。以主色为基准，选择其他的颜色，配色计划就能顺利进行。

效果显著的配色

主色为黑色，搭配上高彩度的红色、黄色，配色富有冲击力。

主色为大地色系的茶色，配色沉稳。

▶ 想要传递什么样的信息，就选择适合它的主色

　　整体版面的颜色大幅左右着产品给人的印象。比如，在和风旅馆的广告中使用鲜黄色或鲜蓝色，会给人一种不协调的印象。不如使用能让人联想起漆器的红色，能让人联想起旧房屋的深茶色等十分符合和风旅馆形象的沉稳颜色。为了更好地传达内容，我们先要弄清诉求，确定一种和主题相符的主色，再以此为基准来考虑其他的颜色搭配。构思颜色时，与其只思考单色，不如考虑多色的组合搭配，这样思路也会更加开阔。

▶ 决定配色前，多多考虑目标人群和核心理念

主色决定了整体的印象，其作用至关重要。举例来说，商务系的内容适合搭配蓝色或者绿色这类突出信赖感和清洁感的颜色。同时，面向幼儿的内容，则适合选择红、蓝、黄三原色，或者是彩色粉笔类的颜色。目标人群到底是男是女，处于哪一种年龄层，以哪种内容为诉求……考虑了这些之后，才正式开始选择颜色。

主色和目标人群、核心理念

● 秋季的温泉之旅、家人情侣、和风旅馆、枫叶

● 商务、体育、制服社会人士、信赖、诚实

● 香油、女性放松、美容

▶ 运用色相环，选择协调的配色

决定了主色之后，选择其他的颜色时就要配合主色。为保证整体的均衡，我们可以在色相环上选择间隔均等的颜色。色相环是由总体色相组成的圆环。环上每种颜色之间的距离是均等的，所以尝试下图中的配色，就可以搭配出协调的颜色。

要是配色中的颜色总数过多，调整色彩均衡就会变得非常困难。首先，我们可以尝试基本色+强调色两种颜色，之后再根据具体需要添加其他颜色。添加颜色数量时，改变基本色和强调色的浓淡，再慢慢添加其他颜色，就可以让整体版面保持统一。

Identity（同一）

Analogy（类似）

Intermediate（间隔）

Complementary（互补）

Opponent（对比）

Split complementary（邻接互补）

Triad（3色配色）

Tetrad（4色配色）

024

发挥色彩的"印象"特性进行配色

温度、轻重、季节……颜色拥有其共通的"印象"特性。在设计中，区别使用色彩给人的心理印象是非常有效的措施。

冷色与暖色

人们在日常生活中会自然地感受到"有那种氛围的颜色"，并把它当作一种固有印象。要是看到颜色与印象中的有所不同，就会觉得不自然。

Stop! Global warming.

使用冷色，
给人以清冷的印象

使用暖色，
给人以热情的印象

▶ 普遍的色彩印象

　　从色彩中接收到的印象大多是从人类的经验而来，国家和文化不同，印象也可能不同。但是，有一些印象在人类群体中是共通的。比如红色或橙色是温暖的颜色（暖色），蓝色、水蓝色、蓝绿色是冰冷的颜色（冷色），这都是普遍的印象。

　　为了更好地理解色彩给人的印象，我们需要尽量列出一些抽象的词语，再试着收集与之相对应的颜色。这个训练能很好地培养设计师对于色彩印象的敏感度。

▶ 可以从色彩中感受到的各种印象

右边的表格中列出了从色彩印象联想到的关键词。这种关键词在设计表现中甚至能够充当核心概念。比如说，想要表现春天，就可以使用代表樱花的粉色。要是想要的效果和配色不符，就会产生不协调感，要多加注意。

颜色	印象
● 粉色	春天、樱花、婴儿、可爱、安宁、温柔、女性
● 红色	血、肉、苹果、红叶、圣诞节、热情、有攻击性的、危险
● 橙色	橘子、柑橘、有活力、开朗、快乐、外向、多汁
● 黄色	太阳、月亮、标识、柠檬、香蕉、孩子、明亮、快活、明晰、注意
● 绿色	森林、植物、草、蔬菜、茶、和平、平稳、健康、成长、环保
● 蓝色	海、天空、制服、科技、研究、冷静、冷酷、理智、认真
● 紫色	紫藤、紫阳花、葡萄、礼服、有气质、高贵、神秘、成熟、时尚
● 茶色	大地、自然、栗子、咖啡、巧克力、自然、放松、坚实
● 灰色	灰尘、水泥、商务、白发、老鼠、正式、中庸、忠诚
● 金色	奖杯、金牌、第一、奢华、豪华、荣誉、高贵
● 银色	珍珠、铝、餐具、纤细、女性、都市、高级、现代

▶ 暖色与冷色

暖色和冷色也会根据颜色的色调和搭配，产生"炎热""温暖""寒冷""凉爽"等温差。在设计中，炎热的夏季，我们偏向于使用凉爽的冷色系；寒冷的冬季，我们则多使用能让人心头一暖的暖色系。在色相环中，位于暖色和冷色中间的绿色和紫色等颜色被称为"中性色"，这些颜色不容易让人感受到温度。

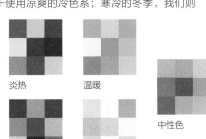

炎热　　温暖

中性色

寒冷　　凉爽

中性色　　暖色

冷色　　中性色

▶ 使用关键词制作颜色组

为了让颜色给人的印象更加明确，我们可以把具有对照性的两个关键词列出来，然后寻找符合各自描述的颜色，将它们组成颜色组。这些颜色组，在需要调用颜色时——比如想要自然、天然的颜色时——就可以运用到了。

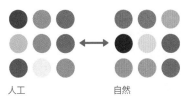

人工　　　　　　自然

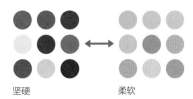

坚硬　　　　　　柔软

025

调控协调全局的"色调配色"

在配色时尽量注意统一色调。不管使用了多少种颜色，只要色调统一，那么就可以搭配出整齐的、协调的颜色了。

统一了色调的配色

作品中同时使用了绿、蓝、粉等多种颜色，彩度不一。明度也高低不齐，没有统一感。

彩度和明度都很统一，传达出的氛围和主题完全一致。

▶ 统一色调，调和色彩

色彩有色相、彩度、明度三种属性，其中，明度和彩度合起来叫做"色调"。举例来说，彩度高，明度也高的搭配方式，就能够构建出春季一般的淡然温柔的配色。

统一色调后，配色也会随之变得协调、稳定。要是使用了色调不一的多种颜色，就会给人一种嘈杂、散乱不堪的印象。上图范例中使用了多种颜色，制作这样的产品时，使用符合受众的相应色调的颜色组进行配色，就可以制造出作品的统一感。

▶ **统一色调，调和色彩**

通过统一色调，整个版面会产生统一感，我们也可以得到协调的配色。选择色调时，记得要顾及设计所需要表现的核心理念。迎合决定好的目标人群，选择合适的色调吧。

统一色调可以保持整体的协调性。

面向幼儿、孩童所制作的玩具，需要选择高彩度的原色进行搭配，通常使用便于辨认的颜色。

这款纺织品降低了彩度，提高了明度，从而营造出了一种成熟、温柔的气氛。

低调的红色和茶色让人联想起枯叶，正符合秋天给人的印象。

▶ **色调的印象**

JIS（日本工业标准）中，有一个描述彩度和明度都很协调的色群的短语，那就是"关于有彩色（※注：指黑、白、灰以外的颜色）的明度及彩度的修饰语"。有意识地运用

它进行配色，就叫做"色调配色"。

在实际的设计工作中，最好是思考一下各种不同的色调都能让人联想到怎样的印象，制定配色计划。

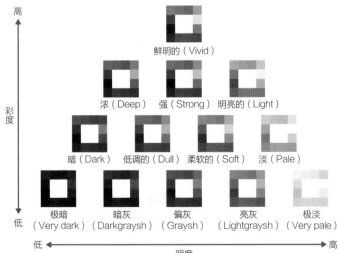

026

缩减色彩数量，搭配出"高品位"配色

使用的颜色太多，一旦没有做好选择，就会给人一种浮躁、散乱的坏印象。
稍稍控制颜色的数量，就能营造出配色的统一感和条理感。

缩减色彩数量之后的配色

虽然要点醒目，但因颜色数量太多而没有统一感，最后反而干扰了最想强调的照片。

缩减了色彩数量之后，版面显得清爽、有条理。以这样的视角来观察身边的印刷品和Web设计，就能学到很多东西。

▶ 缩减色彩数量，让版面拥有统一感

若要使用多种颜色，同时又想让版面看起来有条理，就必须给所有的颜色制定规则，以免让读者感到版面不协调。因为同一种颜色会被多次使用，所以缩减了色彩数量之后的配色更容易让人感觉到节奏感和统一感。

选择颜色时，应先选好一个和内容相符的主色，再搭配和它相称的两三种副色，脑海中要有色调配色的概念。色相不同但彩度和明度相近的颜色、同色系但明度有变化的颜色等，都是不错的选择。

▶ 选择和主色相称的副色

当色彩数量少，但是又需要配色的时候，我们首先需要确定和内容相符的主色。可以选择同一色调的颜色，或者是使用在需要强调的部分的显眼的颜色来充当副色。不管怎么选，首要的原则就是，不能够干扰主色的发挥。

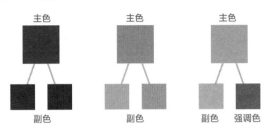

法则：大面积使用主色，小面积使用副色。

▶ 用明度变化调节强弱

某一个颜色在改变了明度之后，可以变化出许多新颜色，但这种情况下，就算多次使用不同的版本，其实归根结底还是一种颜色。主色、副色，再加上明度不同的版本，这些足够组成多彩多样的色彩搭配了。

多增加一些同色相不同明度的颜色，就可以避免干扰主色，同时增加色彩的数量了。

▶ 强调色和无彩色

在黑、白、灰这些无彩色之中适当地小范围使用红色、橙色这样的鲜艳颜色，能让它们更加醒目。这种颜色被称为"强调色"。

就算色彩数量少，但是使用这些颜色，就可以搭配出强对比、紧凑的版面。有时印刷的色彩数量有限制，强调色也非常适用于这种场合。

Logo的蓝色就是强调色。

背景色如果是黑色、白色这样的无彩色，那么高彩度的强调色就算面积小，也能很高调。

027

制造背景色和前景色的明度对比，提高可辨性和可读性

色彩有各种各样的对比形式。其中人眼最能够接收到的对比是明度对比。制造明度对比，可以提高文字和图形的可辨性。

制造明度对比，便于阅读

受背景颜色影响，标题和文本读起来非常不方便。

给文字加上白边，或者把背景的一部分调亮，都能使版面更加容易阅读。

▶ 为了让文本更容易阅读，要制造它和背景的明度对比

在上面的作品范例中，背景图片十分多彩，就算把文字加在图片上，还是不方便阅读。重点是要让背景图片和文本之间形成明显的明度对比。

像标题或者是宣传语这种大的文字，我们可以加上白边，这样就可以让它和背景的颜色分离开来。白色可以用作"分离色（Separation Color）"（详情请参见下一小节）。如果文本比较长，那么我们可以把背景调亮，使文字和背景产生明度对比。

▶ 明度对比造成的不同视觉效果

有几种方法，可以利用色彩，使特定的部分更加醒目，让它区别于其他要素。其实我们也可以改变"色相"和"彩度"来制造区别，不过对人眼来说，最强烈的对比就是明暗的差别，也就是"明度"的对比。

白和黑有着极端的明度对比，这自不用说。但有时候，颜色之间的明度对比可能不那么明显，我们也不好辨认。这时，我们可以先去掉彩色，即将图片去色，这样更容易观察出明度的强弱。养成在观察色彩时注意明度的习惯，能让我们在配色时更加得心应手，搭配出张弛有度的画面。

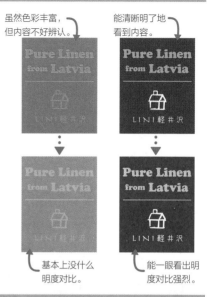

虽然色彩丰富，但内容不好辨认。

能清晰明了地看到内容。

基本上没什么明度对比。

能一眼看出明度对比强烈。

▶ 制造明度对比，提高可辨性和可读性

颜色中最亮的是白色，最暗的是黑色，我们称这两种颜色为无彩色。给背景铺上颜色，但是把文字颜色设置为白色，这就叫"镂空文字"。这种文字可辨性高，在设计中广为使用。

色相环中最明亮的颜色是黄色。黄色也有"小心、提高警惕"的含义，所以把背景调暗，将文字颜色设置为黄色，能更加引人注目。这种配色的效果很显著，在运用时需要注意文字周围的均衡。

▶ 给文字描边，强调明度对比

背景和文字都是同一色系的颜色，但又想要制造对比时，可以给文字添加白边，这样文本就会更容易辨认，也会更容易阅读。白边中的白色充当了"分离色（Separation Color）"。

另一种方法是给文字添加投影，这种文字叫做"投影文字"。投影为黑色时最暗，但也有些情况适合使用中间色——灰色。投影文字也有分离前景和背景的效果，这也是使用了分离色的好处。

028

"渐变色"和"分离色"的效果

"渐变色"能够让色彩转换更加平滑，给人以温和的印象；"分离色"能够分割色彩，给人以明确、强势的印象。

Chapter
1
设计和基础篇

渐变色和分离色

给文字加上投影，提高可辨性，吸引读者目光。

用分离色隔开相近的颜色，能使它们更便于观看。插画的黑色轮廓也成功地把它和背景分离了开来。

用明度创造渐变。有平稳感和节奏感。

即使设计的构造单调，也可以通过渐变色制造出纵深和变化。

▶ 渐变色和分离色

"渐变色"是一种能让色彩产生阶段性变化的配色，它可以使配色同时具有安定感和节奏感。组合使用色相渐变、明度渐变、彩度渐变进行配色也不失为一种好办法。

想要缓和浓烈的颜色对比，则可以使用

"分离色"。把分离色夹在两种颜色之间，可以有效缓和浓烈颜色之间的冲撞。或者，在相似的颜色之间夹上明度相差很大的颜色，可以使颜色搭配更紧凑。重点是，最好选择白色、黑色，或是低彩度的低调的颜色。

▶ 三种渐变搭配

搭配渐变色时，按照色相环的排列顺序来改变色相，就能让邻接的颜色不冲突，整个版面也能变得更加丰富多彩。相同色相不同明度的渐变搭配，能使颜色保持在单一色调内，给人平静的印象。从鲜艳的颜色变为低调的颜色叫做彩度渐变，这种渐变能让人感觉到纵深感和空气感。这些渐变组合在一起，就可以制造出各种不同的表达。

色相渐变

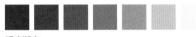

明度渐变

彩度渐变

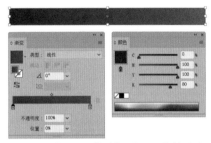

在应用程序中，打开"渐变"面板，可以选择渐变的开头和结尾的颜色。

▶ 分离色的效果

分离色是一种用来分离两种颜色的辅助色。有时候，我们想让两种邻接的颜色更加醒目，却反倒让它们彼此冲突了，此时就可以在中间夹上无彩色或者是那两种颜色的中间色作为缓冲。同时，有时两种邻接颜色相似所以变化不明显，我们就可以在它们中间夹上一个明显有区别的颜色，使两者都更方便辨认。要是文字颜色和背景色相似，那么则可以给文字添加白边，使它便于辨认和阅读。

在冲突的两种颜色之间夹上无彩色作为缓冲。

相似的颜色不容易辨认，我们可以在其间夹上明度不同的颜色。

文字颜色和背景色相近时，可以在周围添加不同明度的描边，这样文字就会更加醒目。

渐变色搭配不同，给人的印象也完全不同

渐变色需要选择具体的颜色，颜色不同，给人的印象也完全不同。暗色组合给人以神秘感，明亮鲜艳的颜色组合让人联想到孩童的天真和可爱。明度和彩度的渐变则能让人感受到渐近或渐远的纵深效果。

029

直观地传达信息

照片和插画、图表、一览表、地图等插图，都离不开设计。比起单纯的文字，插图能够吸引更多的目光，也能在短短一瞥中传递更多的信息。

使用图像传递信息

サイは奇蹄目サイ科に分類され、5種のサイが現生している。アフリカ大陸の東部・南部（シロサイ、クロサイ）、インド北部からネパール南部（インドサイ）、マレーシア・インドネシアの限られた地域（ジャワサイ、スマトラサイ）に分布し、草原や森林、熱帯雨林、湿地に生息する。スマトラサイとジャワサイは、河川や沼の周辺に好んで生息する。基本的に夜行性で、昼間は木陰で休んだり水場で水を飲む。体温調節や身体に寄生する虫を落とすために水浴びや泥浴びをする。

[シロサイ]体長3.5～4.2m、体重1500～3600kg、生息数：約20,000頭、生息地：ザンビア、モザンビーク、ジンバブエ、ボツワナ、ナミビア、南アフリカ、コンゴ、ケニア、ウガンダ

[クロサイ]体長2.5～3.5m、体重800～1800kg、生息数：約5,000頭、生息地：ケニア、タンザニア、ザンビア、ジンバブエ、ボツワナ、ナミビア、南アフリカ、カメルーン

[インドサイ]体長3～4m、体重1500～2200kg、生息数：約3,000頭、生息地：インド東北部、ネパール

[スマトラサイ]体長2.4～3.2m、体重700～800kg、生息数：約100頭、生息地：スマトラ島、ボルネオ島、マレー半島

[ジャワサイ]体長3m、体重900～1400kg、生息数：約50頭、生息地：ジャワ島

单纯的文字虽然能让版面看起来很清爽，但不会给人留下深刻印象。

有插画和图片，就能更简单地传递信息了。

▶ 使用视觉图、示意图更好地传递信息

多使用像照片、插画这样的视觉图或一览表、地图等示意图，因为它能够传递的信息比单纯文字要多出好几倍。补充一些能够说明文章内容的照片或插画，不仅能让读者更加感同身受，还能够丰富只有文字的单调版面，起到顺畅地引导视线走向的效果。

图表、一览表、地图等图片，能使读者更好地理解数值的变化或事物的关联性等，这些信息只靠文字讲解远远不够。而我们要做的就是将它们视觉化，使读者一看便知。

▶ 被广泛使用的照片、插画

商品或人像照片、漫画或剪贴画等，都可以让人在一瞥之中识别到大量的信息。有些内容单靠文字表达，是很难被读者察觉到的，但是只要使用照片或插图，就能勾起读者的兴趣。其中，人和动物的肖像，或者是与之类似的形状都可以有效地吸引到人们的目光，所以经常被作为素材。

大部分的海报、杂志的封面、传单都使用照片或插画作为设计的主要素材。

人脸最能够吸引目光。

插画可以营造欢快的氛围。

照片可以引导视线走向。

▶ 图表、一览表能使数字或文章视觉化

图表是用来把数值的变化和分布视觉化的。柱形图和折线图适用于显示数值的推移变化，饼状图和散布图适用于显示均衡和分布状况。

一览表一般使用箭头、括号，主要用于显示事物的关联性或流程。除此之外，还有地图或者说明图，用来传达一些用文字难以直观表达的信息。

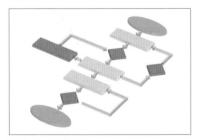

流程一览图显示流程

图表将数值视觉化

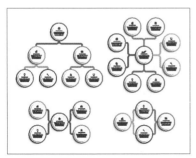

一览表显示构造和关联性

地图显示目的地

030

有效的"裁剪"方式

"裁剪"就是有意地对照片的周围进行修剪，给构图带来变化。

有效地改变构图，可以使想要突出的部分更加醒目。

不同裁剪方式所带来的不同效果

原图片

强调天空的广阔氛围

将拍摄对象放置在中央

拍摄对象的特写

▶ 考虑清楚自己希望读者从照片中看到什么

排版照片时，不要单纯地把拍摄的照片原原本本地放到版面上，而应该先定好"我想要读者看向哪里""为此我该做些什么"，再进行裁剪。裁剪的基本原则是遵循排版时的长宽比，将纵向或横向多余的部分剪掉。

要是想要传达整体的氛围，那么就保留背景，如果想强调空间的广阔程度，就把拍摄对象从中央部位稍微错开，给背景里的天空或地面多一些镜头。要是想进一步强调拍摄对象，就试着大胆地给它一个特写吧。

▶ 人像照片的裁剪方法

裁剪人像照片有很多种方法。"全身照"可以拍摄人物的全身，"半身照"可以拍到上半身，"近景"可以只拍摄面部。还可以只拍摄"眼睛"这种细致的身体部位，这种大胆的裁剪方法可以让图片更有冲击性。

构思裁剪方法时，首先得考虑好自己准备强调拍摄对象的什么地方。在人像摄影中，还需要细致地注意身体朝向、手部动作、表情以及拍摄角度。

▶ 洞悉拍摄对象的视线方向

从正面拍摄人物是一种构图，除此之外的构图中，照片上一定会产生方向感。如果拍的是人像，那么就是指人物面部的朝向；如果拍的是运动的物体，那么就是指其运动方向。如果想要表现出空间的广阔性，那么拍摄时要有方向概念，最好是在画面方向处留白。

另外，还需要注意纸上的人物面朝哪个方向，朝向纸面外侧还是纸面中央（订口侧），这将大幅度左右版面的印象。

让人感觉重心靠左。

让人从视线前方体会到开阔感。

▶ 照片的视觉效果

照片的构图一般都是方形的，我们将这种构图称为"方版"，除此之外，还有抽出整个摄影对象或者是其中一部分的构图，也有在周围做渐变模糊的构图。此外，与方版相对，还有圆形或者椭圆形的构图。

我们经常在商品目录中看到的剪贴画，可以使摄影对象最为突出。因照片的形状多变，所以在排版上也能产生变化，甚至可以利用这一点来强调设计。

方版

使用了渐变模糊

裁剪成圆形（圆版）

剪贴画

031

运用"对比结构"烘托出鲜明的要素

如果有想要突出的要素,那么,让它和其他要素产生对比是最有效的办法。颜色、大小、角度……可使用的对比方法多种多样。

有对比的排版

使新旧要素产生了对比。

把新要素调大。
整个排版显得张弛有度。

▶ 让两个以上的要素产生对比,强调主题

设计中所指的对比,是将两个以上不同性质的要素排列在一起,并且突出它们的不同之处。比如,在整个暗色中,小范围地使用一些亮色,这些部分自然就会显得很突出。这不局限在颜色的区别上,唯一一个与众不同的图片形状、图片大小,都能吸引到读者的注意。

颜色、形状……排版中可运用多种方法创造对比,只要我们成功突出想要强调的部分,就可以做出强有力的、有魄力的设计。

▶ 色彩对比

想要在色彩上突出对比，就要在色相、彩度、明度三者中择其一，或者是将它们组合起来体现区别。

"明度对比"是人眼能够接收到的直观信息，具有最强烈的反差。"彩度对比"中，越是鲜艳的颜色就越能够吸引到读者的视线，可以营造出戏剧性的氛围。"色相对比"可将不同的色相组合起来，让互补色形成对比，能给人一种鲜艳华丽的印象。

明度对比

彩度对比

色相对比

用黑（底片）和白（正片）让左右两开页产生对比。

▶ 形状对比

让文字或插图等要素产生大小对比，那么较大的要素就容易被辨识。调高大小对比率，能够让反差更加明显。

另外，圆形和方形、直线和曲线、有机图形和几何图形等，运用这些具有特色的形状来制造对比也是可以的。

大小对比

形状对比

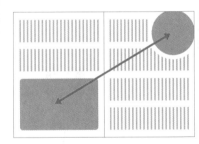
圆形和方形分别位于左右两页，产生了对比。

内容的对比

还可以把不同的内容用相同的排版表现出来，便于对比阅读，这也是一种对比方法。比如说"男和女""昼与夜""面包和米饭""都市与农村"这些词，它们都是通过相互补充而成立的。在处理这种主题时，对比效果是十分显著的。

032

稳定的"对称"构图

考虑整个版面的效果，搭配文字和照片，这就叫做构图。其中有一种构图运用了对称性手法，叫做"对称"构图，这是排版的基础中的基础。

对称构图及其变化手法

稳定的对称构图

以纸面中心为轴
左右对称。

要素偏移的构图

故意避开中央
部分安排要素。

> ▶ **要是追求稳定就选择对称构图，要是追求变化就故意制造不均衡**

想要有效地传达信息，构图是必不可少的。构图可以说是设计的骨架，有几种基本构图方法。其中最传统的就是"对称"构图。

对称在视觉上平衡均等，整体浑然一体，能让人感受到安定感、信赖感和传统的风格。不过，这种毫无变化的无动感搭配，又会给人一种古板、保守的印象，说不定会让读者觉得毫无乐趣。所以，通过故意破坏平衡感给版面增添变化，以勾起读者的兴趣也是一种不错的方法。

▶ 基本构图

对称手法中最普遍的就是"线对称"，它可以营造出一种镜面对称的效果。此外，还有以点为中心旋转的"点对称"，以及把图形位置错开，反复排列形成的"平行移动"。不管哪一种，都有其一定的规则，所以这些构图整体都显得更有条理。

相反，非对称状态的构图就叫做"非对称构图"。非对称构图可以表现动感和紧张感，产生的效果能够直逼人心。

线对称

点对称

平行移动

非对称

▶ 舒适、适度的变化

让版面产生变化的方法有很多种。比如，错开位置、突出形状或大小的差异，这些都故意破坏了平衡。我们可以故意错开版面的中心，在其他地方放置对称轴，这样就可以制造变化。

但是，变化过多会让整个版面支离破碎；变化过少，读者说不定又察觉不到。要想深入人心，则必须在保持整体平衡的基础上，给版面添加适度的变化。尝试各种构图，确定设计方案吧。

左侧的大片空白太引人注目，很难让人明白这幅图想表达什么。

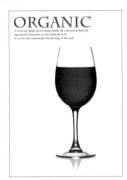

图片和文字稍微错开，总觉得有一些遗憾和空虚。

033

通过倾斜要素来制造动感

太过整齐的排版过于单调，会使人觉得乏味。给要素稍微地（有时也可以很大胆地）加上角度，可以使版面印象大有不同。

加上角度，表现动感

虽然排版对齐了水平线和垂直线，但稍微有些呆板。

尝试给照片和文字添加角度，增添了动感。

文字和照片排版角度相同。

Logo和详情还是水平排列。

▶ 故意"打乱"要素，制造动感

排版的基础就是要对信息进行整理，使其方便传达。为此，我们舍去多余的装饰，让需要强调的部分更加醒目，调整排版，消除版面的不协调感。但是，有些时候版面虽然好懂，可又显得单调无聊。

这种情况，我们可以只给重点部分添加某种变化，让它和其他要素区别开来。此时最有效的，莫过于排版要素的角度。即使角度轻微不同，也能增添跃动感和乐趣。不过，太过火就会得不偿失，显得杂乱无章。

▶ 通过排版制造动感

除了添加角度变化，还有一种能够让版面产生动感的方法。虽然图片和文字都是水平或者垂直排版的（左图），但是把各种要素搭配成Z字形，就能产生良好的节奏感（中图）。要是再调整一下图片的大小，或者不光用方形图片，而是配上一些剪贴画，那么就能进一步地制造出动感（右图）。

在搭配和大小上下功夫，就能制造出动感。

▶ 随机搭配

整齐划一的排版（左图）虽然很好懂，可不免给人一种单调呆板的印象。可就算我们随机地加上变化，也只会让版面变得杂乱而不好辨认（中图）。所以，我们需要在随机中制定规则，这样才能让动感和统一感并存（右图）。

乱中有序就能产生统一感。

需要多强的动感？这一点需要慎重地参考印刷品的目的和整体的平衡来进行考量。

▶ 用文字制造动感

文字加上变化也能够让读者感受到动感。比如使用斜体字，打乱文字的排列，在曲线上排列文字，随机改变字体和字号……想法越多，文字变化就越丰富。然而，我们需要注意，要顾及到整体的均衡，创造合适的效果，并且不能干扰文字的可读性。

034

充分利用素材所拥有的"质感"

素材所拥有的质感，能给读者留下深刻的视觉印象。
熟练运用质感，能提高设计作品的存在感。

质感的效果

背景填充了单色，倒也不能说它不好……

使用质感，能够进一步营造氛围。

▶ 表现素材的"质感"，增强视觉效果

在平面设计中，运用质感能够进一步增强作品效果。举例来说，如果背景使用了石头、木材、金属等图片，那么这种素材的特征就能反映在设计作品之中。质感所拥有的色彩浓淡能够给版面带来密度感，更可以集中读者的视线。

需要注意的是，质感效果显著，要是大范围使用的话，版面就会被质感带来的印象所支配。要是这种印象和文本内容不符，反而会干扰信息的传递。

▶ 活用材质所拥有的特征

质感是用视觉和触觉两种感觉来体会的。在印刷品上看到了质感，就会勾起读者实际摸到它时的感触。

同时，印刷纸张的质感也算在我们这里所说的"质感"范畴内。纸张有许多种，比如说表面光滑的铜版纸和不光滑的双胶纸，在选择时，最重要的是要根据目的选择纸张。比如说，想表现模特光滑的肌肤，但是却使用了表面粗糙、凹凸不平的纸张，就会产生反效果。因此在使用质感时，也要考虑印刷用纸的选择。

这是用铜版纸印刷的书籍。表面光滑且有光泽，体现出一种高级感。

这是双胶纸的表面。有粗糙的质感，适合表现怀旧或者温柔的氛围。

用照片表现质感的不同。虽然这两张都是木质表面，但是质感不同，给人的印象也不同。

▶ 质感需要面积

在使用质感时，首先，需要判断使用面积和质感的色彩浓淡是否一致。比如说，使用金属质感时，面积过小，浓淡就不容易被察觉，金属质感就不能很好地被传达出来。为了让读者一眼看去就能识别出这是什么素材，我们需要给质感安排一定的面积。

把质感使用在文字上。面积过小不容易辨认。要是想在文字上使用质感的话，需要加粗字体，并且调大字号。

把质感使用在文字背景上。这样不仅容易辨认，而且面积大，同时，质感给人的印象左右了整个版面的印象。

035

能够让设计焕然一新的"图案"

只要在版面中增添图案，就能一瞬间增添华丽的氛围。先了解在版面设计中运用图案的重点，再来有效地熟练使用它吧。

图案的效果

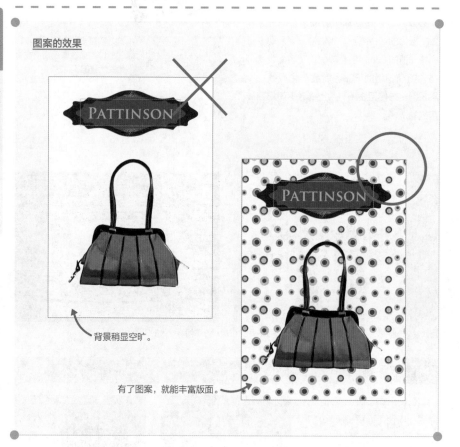

背景稍显空旷。

有了图案，就能丰富版面。

▶ 如何熟练运用图案丰富设计呢？

图案就像被印刷在布料上的纹样一样，是一种纹样的连续重复。重复（Repeat）纹样能让观者感觉到节奏感，而节奏能产生跃动感，给版面带来适度的变化，从而营造出丰富华丽的氛围。但和服装相似，过多运用会使整体丢失统一感。让图案协调融入版面需要颜色上的协调。我们要使图案的颜色和其他要素（比如文字或照片）的颜色相近或相同。同时，纹样的大小也会左右整体的印象。

▶ 图案的种类

图案有多种重复形式。比如说有单纯以一定的间隔重复同一个图形的，还有改变大小和间隔进行随机不规则重复的，更有把多个图形视作一个单位（Unit）进行复杂重复的。规则越单纯，看起来就越有现代风格；越复杂，就越能突显出活力和栩栩如生之感。

图案的主题多样，和风和欧式只是其中两种。市面上也有许多只介绍图案的素材集。

点状、线状图案

规则重复

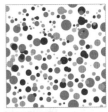

随机重复

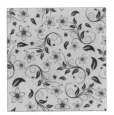

复杂的单位性重复

和风图案

欧式图案

▶ 要注意图案的大小和密度

要是过多使用，或者过大使用图案，那么读者就会不知道该看向哪里。最有效的用法是只用在重要的地方。在把图案填充为背景素材时，要是图案太醒目，就会干扰主题的表达。

图案的纹样的大小需要根据使用面积来放大或缩小，记得调整至适当的大小。另外，图案的纹样密度会左右版面的明度。留意这几点，根据需要调整纹样的大小和密度吧。

因为背景的纹样太大、太多，导致主题不明，不知道应该看哪里。

图案的密度大，视线就容易集中，但是版面看起来会偏黑。

图案的密度小，就会给人一种不够集中、散漫的印象。

036

排版时需要有"规则"才能明确地传达信息

要是随心所欲地排版，那么版面看起来就会杂乱无章，这样并不美观。给文本字体、字号以及插图大小、间隔等设定一定的规则，有条理地整理信息吧。

制定规则

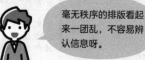

毫无秩序的排版看起来一团乱，不容易辨认信息呀。

有规则的排版便于观看，信息也很清晰明了。

▶ 有规则有条理的信息，更容易传达给读者

设计时，明确传递信息的内容尤为重要。为此，我们要事先确定文字或照片等要素的优先度，把想强调的照片放大或把想强调的文字加粗。在处理整理好的要素时，要记得制定阅读规则，将它们搭配得有条不紊。

视觉效果需要规则，我们可以把同一位置的内容调整为同一字体，在照片和说明文稿之间设定定量的间隔等，这些都能让排版更加统一。重复使用一定的规则，就能让信息传达更明确，从而便于读者阅读。

▶ 重复使用规则

突出段落标题或者小标题这样的文章重点，这些部分就更容易进入到读者的视线中，目的内容也就更方便进行阅读。另外，使要素与要素之间保持一定的间隔，就能产生明确的规律。重复运用规则=反复使用前面说的这些方法，段落标题和正文等信息就能够瞬间区别于其他部分，这样能帮助我们更好地传递信息。

这是没有规则的版面。

这是重复运用规则的版面。

▶ 明确地区别文字样式

想要让段落标题或小标题这种文字符合它们的等级，并且想要同时强调这两点的时候，不如把它们明确地区别开来。比如说，如果段落标题和正文的大小差不多，那么读者就会分不清。最好是从字体和文字大小上把它们区分开，让它们有明确的不同。

确定样式后，可以添加到应用程序的样式面板中，之后反复调出来使用。

イングランド最大都市ロンドン

世界でも有数なグローバル都市のロンドンの歴史は古く、ローマ帝国時代まで遡ります。シティ・オブ・ロンドンと呼ばれる場所に街を建設したのがはじまりとされています。19世紀から目覚ましい発展を遂げました。現在はさまざまな産業で活気づいており、超高層ビルの建設も続いてます。歴史ある中世・近世時代の建物との共存は現在のロンドンを象徴する景色でもあります。

段落标题和正文的大小差距还不彻底。

イングランド最大都市ロンドン

世界でも有数なグローバル都市のロンドンの歴史は古く、ローマ帝国時代まで遡ります。シティ・オブ・ロンドンと呼ばれる場所に街を建設したのがはじまりとされています。19世紀から目覚ましい発展を遂げました。現在はさまざまな産業で活気づいており、超高層ビルの建設も続いてます。歴史ある中世・近世時代の建物との共存は現在のロンドンを象徴する景色でもあります。

段落标题和正文的大小差距十分明确。

使用应用程序中的"段落样式"面板或"字符样式"面板，就可以在段落或文字中添加和使用样式。

083

"边距"的运用方式不同，版面的印象也不同

在进行排版时，最开始需要做的就是设置"边距"。
边距的大小会直接影响到视觉印象和信息量的变化，所以十分重要。

不同的留白效果

若版面周围的留白面积大，就有一种高级感。

留白面积小，就能给整个排版带来活力。也可让版面信息量看起来很多呢。

▶ 边距要配合产品的内容和用途来调节

"边距"就是指版面周围的留白。它相当于一个假想框，把文字和照片放在框内，就能够营造整体的紧凑感。这涉及到所有的要素的配置，所以必须一开始就设定好。

留白宽，能给人一种沉着、权威、高级的感觉。相反，留白窄的话，放置文字和照片的地方就会变大，所以版面看起来显得充满活力。改变边距能够使版面给人的印象大幅度变化。每种产品的边距设置方法是不同的（参见右页）。

▶ 边距和版面

将留白除去之后，剩下的用来填入文字和照片的空间就叫做"印刷面"。留白宽，则印刷面小，文字和照片的数量也会随之变少，但是这样能表现出一种从容的高级感。相反，留白窄，则印刷面大，能添加更多的信息。这样不仅使印刷面的可操作空间变大，如果编辑的是以信息量大为卖点的杂志，还能营造出一种划算的感觉。

另外，印刷面的位置也是一个能够左右版面印象的重点。要是上面的留白多，那么印刷面的位置就会下调。这是一种很有稳定感的版面。反之，下面的留白多，则印刷面的位置就会上移。这又是一种轻快、创新的版面。

宽裕的留白给人温柔、高级的印象。

大信息量，可放置较大照片和插画。

印刷面下移能形成一种沉稳的版面，与此相对，印刷面上移能形成一种创新的版面。

▶ 设置单页印刷品的留白

留白的安排需要根据产品的形状而定。一般我们将海报或传单类的单页印刷品的留白设置得较小。设置成品尺寸中约5mm的内边距，这样就可以使用大面积的印刷面了。在处理像杂志或书籍类的多页印刷品时，要考虑到装订部位，在装订侧留出更多的边距。如果杂志和书籍的主要内容是文字，那么还需要预估文字大小和每行的文字数量、每页的行数，计算出需要设置的边距。

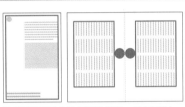

将单页印刷品的边距设置得窄一点（左图）。多页印刷品需要考虑到阅读的便利性，将订口侧（●部分）的边距设置得宽一些（右图）。

▶ 故意无视边距的排版

除正文以外的文字和照片不一定非得收纳在印刷面之内。特别是照片，照片超出印刷面，可以突出面积大，能让静止的纸面产生变化。大胆地让图片超出边距，俗称"出血"，就能够突显出照片的空间效果。

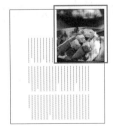

本构图中，照片超出印刷面，这叫做"出血"状态。

038

"网格系统"的知性美、
"自由排版"的活泼美

把版面分割成格子状，根据格子来搭配要素，就叫做网格系统。与此相反，自由搭配要素叫做自由排版（Free Layout），这两种都是不错的选择。

Chapter
1
设计和基础篇

网格系统和自由排版

用网格系统进行排版，就能让版面更加美观，也能把信息整理得更加易懂。

自由排版能够表现出跃动感和欢快感，但平衡较难把握，使用时需要多加注意。

▶ 网格带来秩序，自由排版带来活力

　　"网格系统"是一种设置格子状参考线的排版手法。事先在版面上设置格子状的参考线，再沿着参考线把文字和照片填充进去，就能搭配出整洁的版面。这种排版手法多用于页数较多的商品目录、杂志、书籍中。

　　相反，不设置网格，自由地搭配文字和图片就叫做"自由排版"。自由排版能自由使用版面，适合用来表现个性和欢快的氛围。但是这样容易使留白过多，不好把控整体的平衡。

▶ 整体版面的分割

网格的设置方式没有什么限制，我们可以自由地分割版面。如何以印刷面为基础，把要搭配的文字和照片等要素视为一个单位（Unit）来处理呢？基本的网格设置方法，就是以文字的分栏线为基准。首先大致配置文本，然后沿着它的边线设置网格线就可以了。

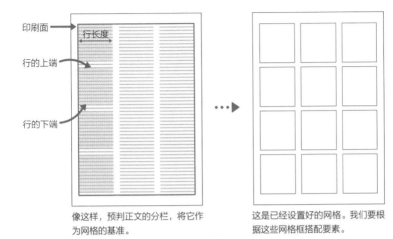

像这样，预判正文的分栏，将它作为网格的基准。

这是已经设置好的网格。我们要根据这些网格框搭配要素。

▶ 网格系统的应用

网格构造的整齐的版面也有其缺点，那就是整齐划一容易产生单调。但是，我们在使用网格时稍加修饰，就可以抑制这种单调。比如说，在文字或图片的大小上加上一些变化，或者故意让要素的一部分超出网格等，积极地加入这些小技巧吧。

在图片的大小、配置上加入变化的排版。

部分超出网格的排版。

使用免费素材、照片、插画时的注意事项

照片和插画素材被称为"内容"，在互联网上随手一搜就能找到很多。想必大家也知道，无授权使用这些素材是违法的。

想要在面向大众发行的印刷品或者是网页中使用图片或插画，那么可以去免费素材网站找一找。但是，这些网站的素材，在使用的时候也是有其范围限制的。

举例来说，有些网站会规定，不能将照片或插画素材打印在T恤上进行售卖，也不能用于吉祥物等。要是不确定素材的用途限制，那么可以在网站内仔细阅读"使用规则"。要是有不明白的地方，就请直接用邮件等方式咨询网站管理员吧。

在此，举一个实际的网站范例吧。"插画屋"是一个提供可爱的插画素材的免费素材网站，该网站在使用说明中是这样说的："本网站所发布的素材可免费使用于个人、法人、商用、非商用用途。不需要填写信用卡卡号和邮箱等个人信息。……（中间略）本网站拒绝将素材使用于以下情形：违反社会秩序；大幅度修改原本素材印象；二次发布、贩卖素材（包括网络表情包）；其他创作者不认可的情况。"（摘抄自"插画屋"网页）。

在制作商用的产品时，我们一般都会使用专门的付费图像素材网站，这时，每一张单独的照片都需要购买使用权，才能投入使用。这种情况也要求我们仔细阅读使用规则，遵守条约内容之后再进行正规使用。

可以使用可爱插画素材的"插画屋"网站。

这是"使用规则"的界面。上面写有插画的可使用范围和注意事项。

应用程序和制作篇

对于设计师来说，应用程序是一种"道具"。熟练使用道具，也是设计师的重要技能之一。在本章，我们将为大家讲解在设计时必不可少的应用程序Photoshop、Illustrator、InDesign以及它们的活用方法和注意事项。

设计的必备要素——插图、文本、色彩

在设计版面时，用到的要素主要有插图、文本、色彩。如何搭配这些要素，是设计的关键。我们来逐个看一看吧。

各种视觉照片

人物（女性）

人物（男性）

体育

风景（自然）

动物

风景（城市）

商品（角版）

商品（剪贴画）

编辑照片也是设计师的工作。

▶ 插图（照片、插画）

照片富有冲击力，是决定版面印象的重要要素。要选择哪种种类的照片，选择多大的尺寸，放在哪里，是用角版还是剪贴画形式等，这些都是需要艺术总监和设计师来决定的。

在拍摄照片时，要用什么样的构图拍摄，营造哪种氛围，这些事都要先和摄影师商谈，说明要求。或者，我们可以直接去到拍摄现场，在现场进行指示。了解各种各样的拍摄技法，对编辑照片大有益处。

▶ 插图（图标、示意图）

图标是一种把事物转化为简单图形后形成的标记。比如电脑桌面的回收站图标，我们一眼看去就能知晓其功能。而示意图又分为显示定量的数值数据的图表、简略的地理位置信息图、用箭头示意的流程图等。

示意图

图标

图标和示意图可以用Illustrator或Photoshop制作。

▶ 文本、文字排版

文字排版有许多方法。比如搭配宣传语这种短句或者标题文本，长文本分栏排等等。中文、西文的字体都十分丰富，我们可以选择最适合传达信息的字体。

西文排版

中文排版

纸质的单页印刷品设计用Illustrator，多页印刷品的设计则用InDesign进行文字排版。

▶ 色彩、配色

印刷品需要用CMYK印刷色或者专色油墨来印刷。在应用程序中指定颜色时，需要使用CMYK颜色的混合叠加或专色的"颜色"面板。印刷出的颜色成色如何，和纸张的种类也有关系，记得要根据目标印刷品选择最合适的纸张。

彩色印刷

配色

想要在应用程序中指定颜色，需要打开"颜色"面板或者色板。

040

团队协作设计时要注意应用程序的版本

首先我们需要记住，新版本程序做成的文件，用旧版本是打不开的。

保存为Illustrator的旧版本

在CS5以上的版本中使用"描边"面板绘制箭头，并保存为CC4以下的版本。

在CS以上的版本中，使用"效果"菜单中的"3D"→"凸出和斜角"命令，制作3D文字，将其保存为10以下的版本。

虽然外观得以保持，但路径被分割了，不能再用"描边"面板进行编辑。

虽然保持了外观，但路径被分割了，不能再用"3D凸出和斜角选项"对话框进行编辑。

▶ 用新版本制作成的文件有可能打不开

在Illustrator或Photoshop中，用新版本制作成的文件在旧版本中是打不开的。但是，我们可以在保存时的格式选项中，选择以旧版本格式保存（详情请参照右页）。

在团队协作设计产品时，应确认各自的应用程序版本，制定保存时的格式规则。

使用Illustrator的新功能时需要多加注意。用旧版本格式保存后，虽然外观可以得到保持，但路径会被分割、转换成图像，就不能再编辑了（参照上图）。

▶ 在Illustrator的保存选项中选择版本

在Illustrator中，保存文件时可以从选项中选择要保存的版本格式。但是，如果使用了新版本中的新功能，用旧版本打开后就不能进行编辑了。保存时选择旧版本，会弹出下右图这样的警告界面。

文本也需要多加注意。有时，10版本以前的文件，因样式引擎更新，在新的CS版本中打开后排版会被打乱。打开旧版本文件时请多加注意。

保存时，可以在弹出的"Illustrator选项"对话框中，找到"版本"下拉菜单，选择版本。

警告

存储为旧版格式可能会将所有文字转换为点文字，并且可能会在重新读取文档时停用某些编辑功能。
另外，将丢弃所有隐藏的外观属性。
① "文档栅格化效果"分辨率等于或小于 72 ppi。

降级保存为旧版本格式时，会弹出如图所示警告界面。请确认是否使用了新功能再进行保存。

▶ InDesign CS4以后的新版本能打开的IDML格式

InDesign中，旧版本的文件能用新版本打开，但是反之则无法实现。但是，保存为IDML格式，就可以用CS4之后的版本打开了。不过用这个方法，文字排版容易变形，所以最好只在不得不使用IDML格式时再使用它（有时可以在项目初期阶段或者文件修复等情况中保存文件为IDML格式）。要是制作人员间需要传送文件的话，记得在项目开始之前确认所有人的程序版本，用同一种版本进行工作。

InDesign CS4以前的版本可以将文件保存为上一代版本格式。但是不能直接保存为再上一代的版本。操作顺序会因版本而异，工作也会比较繁复。详情可以参照相应的说明文档。

在"存储为"对话框内选择保存类型为"In-Design CS4或更高版体（IDML）"，单击"保存"按钮。

输出的IDML格式文件，可以在CS4或更高版本的程序中打开。

未命名-1.idml

▶ 041

"位图图像"和"矢量图像"的区别

首先我们需要把握Photoshop的位图和Illustrator的矢量图的不同。矢量图像是可以转换为位图图像的。

Photoshop的位图图像

我们在Photoshop里放大图片，可以看到图片的最小单位是像素。

Illustrator的矢量图像

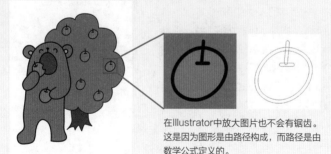

在Illustrator中放大图片也不会有锯齿。这是因为图形是由路径构成，而路径是由数学公式定义的。

▶ 放大图片，确认位图图像和矢量图像的区别

照片类的位图图像是由方形的像素组成的。要是放大图片的某个部分，就可以看到构成图片的小方块。像素要是小到肉眼都无法识别，那么在我们眼里，它看起来就是过渡自然的色彩层次（色彩变化）了。

然而，矢量图形是由数学公式描画而成的，所以在放大时，描画都会被重新计算，不会出现像位图一样的像素点。也就是说，它会根据显示屏或打印机的分辨率，描画出最清晰的图形。

▶ 在Illustrator中将矢量图像转换为位图图像

Illustrator中的数据是由路径构成的矢量数据，但是使用Illustrator的"栅格化"命令，就可以使它变成位图图像。

在转换为位图时，需要设置"颜色模式"和"分辨率"，将背景选择为"白色"或"透明"。如果目的是印刷，那么就要把分辨率设置得高一些，免得图片模糊。

选择一张由路径构成的插画。

选择"对象→栅格化"命令，就会出现图示的对话框。选好彩色模式、分辨率、背景后，单击"确定"按钮即可。

背景设置成"白色"，并且在对象周围加上10mm边框，完成栅格化。

▶ 在Photoshop中使用矢量图形

有很多种方法能在Photoshop中读取Illustrator的数据。在Photoshop中打开Illustrator文件，就会弹出右图对话框，选择大小、分辨率、色彩模式之后就可以读取了。

我们还可以复制Illustrator数据，粘贴到Photoshop的文件中。此外，也可以用"置入链接的智能对象"命令读取数据，这样就可以把图片作为关联图像进行管理了。

可以在Photoshop中直接打开Illustrator文件。打开前要先在图示对话框中选择大小和图片分辨率。

复制Illustrator数据。

把图片粘贴到Photoshop中。粘贴格式可以从"智能对象""像素""路径""形状图层"中进行选择。

选择"像素"并确定。点选图片调整大小，按下Enter键，完成像素模式的粘贴。

042

全面数据化时代的"色彩管理"

在进行DTP时可以使用各种各样的输出机器，它们的色彩空间也都各有不同。使用"色彩管理"，就可以在屏幕上表现出或输出理想的印刷品效果。

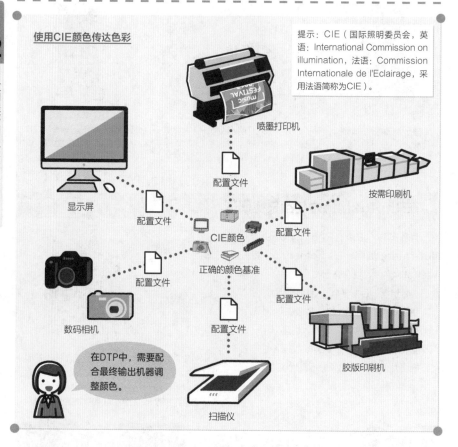

使用CIE颜色传达色彩

提示：CIE（国际照明委员会，英语：International Commission on illumination，法语：Commission Internationale de l'Eclairage，采用法语简称为CIE）。

喷墨打印机

配置文件

按需印刷机

显示屏

配置文件

CIE颜色

配置文件

正确的颜色基准

数码相机

配置文件

配置文件

胶版印刷机

在DTP中，需要配合最终输出机器调整颜色。

扫描仪

▶ 翻译、传达颜色信息的"色彩管理"

　　显示屏上显示的颜色、数码相机或扫描仪读取的颜色、打印机或印刷机输出的颜色……每个设备所拥有的色彩空间是有一定差异的。要想尽量让这些颜色相同，那么就需要把颜色信息数值化，管理这些设备的颜色。

　　"色彩管理"运用了"CIE颜色"的颜色标准，在传达颜色信息时，会使用CIE颜色翻译它。处理颜色信息时，会使用色彩配置文件，将其一个个地传达给输出设备。

▶ 了解具有代表性的色彩空间

在DTP中尤其重要的，是显示屏上显示的RGB颜色和打印时输出的CMYK颜色。我们有必要了解这两种颜色的色彩空间究竟是怎样的。

RGB颜色中，最具代表性的是"sRGB"。sRGB是一种被运用在普通家电的色彩显示上的色彩空间，在制作Web时也经常被使用。但是，印刷用的CMYK颜色和sRGB颜色并不一致。因此，在印刷时会产生偏色。

用于印刷时，一般选用Adobe RGB颜色，因为它比sRGB的色彩空间更广。我们可以在Photoshop的"颜色设置"对话框中打开"设置"下拉列表，切换色彩空间。

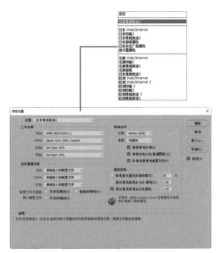

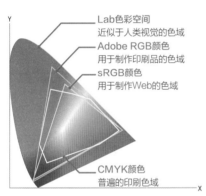

- Lab色彩空间
  近似于人类视觉的色域
- Adobe RGB颜色
  用于制作印刷品的色域
- sRGB颜色
  用于制作Web的色域
- CMYK颜色
  普遍的印刷色域

具有代表性的色彩空间。打印RGB图片时，必须将图片的色彩信息收缩至CMYK的色彩空间内。

在Photoshop中选择"编辑→颜色设置"命令，可以从"设置"下拉列表中选择符合目的的预设选项。

▶ 将配置文件嵌入RGB模式图像

如果要在Photoshop中打开数码相机拍摄的图像，那么拍摄时的色彩空间信息是必不可少的。如果用不同的色彩空间打开文件，那么有时色彩就会和原本的颜色有出入。为此，必须把色彩配置文件嵌入图像文件中进行保存。这样，在打开图像文件时，就可以使用文件中嵌入的配置文件显示出正确的颜色了。

将图像从RGB颜色转换为CMYK颜色之后，最好不要在印刷流程中再次嵌入色彩配置文件了，这样做比较保险。

在Photoshop中保存图像文件时，可以在对话框中勾选"ICC配置文件"复选框。如果图像是RGB模式，那么就勾选此复选框，嵌入配置文件吧。

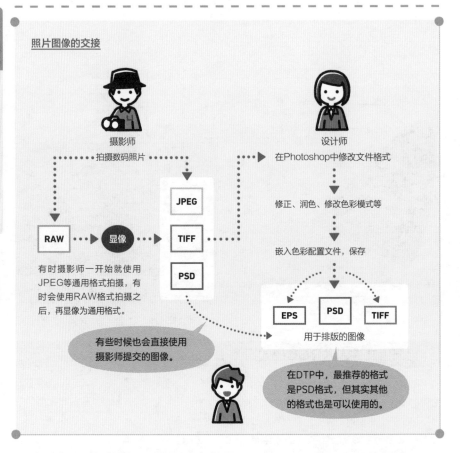

043

了解照片图像的文件格式

在DTP中使用的大部分图像，都是用数码相机拍摄的。下面，就和大家一起来确认下照片图像的交接流程及其数据格式的特征。

照片图像的交接

摄影师
拍摄数码照片

设计师
在Photoshop中修改文件格式

JPEG

修正、润色、修改色彩模式等

RAW ···> 显像 ···> TIFF

PSD

嵌入色彩配置文件，保存

有时摄影师一开始就使用JPEG等通用格式拍摄，有时会使用RAW格式拍摄之后，再显像为通用格式。

EPS PSD TIFF

用于排版的图像

有些时候也会直接使用摄影师提交的图像。

在DTP中，最推荐的格式是PSD格式，但其实其他的格式也是可以使用的。

▶ 设计师收到图像之后，使用时要认真负责

设计师从摄影师那里收到图像之后，会进行图像修正或大小裁剪，再使用到排版中去。一般收到的文件的格式都是JPEG和TIFF。

JPEG格式会对数据进行压缩，所以文件不大，传输便利。但这种压缩是一种"不可逆性压缩"，经数次反复保存之后，画质就会变差。所以，要是接收到了JPEG图像，要记得马上把它保存为PSD格式。TIFF格式直接保存倒也没什么问题，但要是需要修正或润色，最好还是转换为PSD格式。

▶ 几种具有代表性的图像文件格式的特征

摄影师使用的图像格式主要是以下3种。

JPEG是一种广泛运用在数码相机中的文件格式，文件小，方便传输。

TIFF是一种在Mac/Windows系统下都可以使用的通用格式，保存时可以选择是否压缩。

而RAW格式是将原生资料直接保存下来的，信息量大，可以进行高精度的修正。摄影师自己会使用专用的应用程序（Lightroom或Camera RAW等）进行显像处理，之后交付给设计师。

JPEG	这是最常见的数码相机拍摄图像的保存格式，压缩率高，文件小。但因为是不可逆式压缩，所以画质会变差。
TIFF	不依赖系统或应用程序，能直接在电脑上显示，运用范围广。保存时可以选择压缩格式。
RAW	高性能数码相机拍摄的原生数据。原原本本地保留了输入相机的信号，想要用于排版，必须先进行显像。

▶ 在Photoshop中打开RAW文件

在Photoshop中打开RAW文件时，会弹出Camera Raw窗口，完成显像设置后，就可以在Photoshop里打开文件了。显像工作中，我们可以操作滑动条，进行色调修正和照片倾斜度调整等。

在Photoshop的"滤镜"菜单中选择"Camera Raw滤镜"命令，同样可以打开Camera Raw窗口，对Photoshop中的图像文件进行处理。

正在用Photoshop的Camera RAW进行显像处理。调整白平衡、曝光度等参数，完成显像处理。

摄影师和设计师的合作

在设计师的工作流程中，摄影师和设计师的密切合作关系其实是很重要的，这不仅仅局限于数据管理方面。在拍摄前，设计师需要把草图交给摄影师，说明设计意图。另外，还需要告知摄影师，要使用多大的图片，用方形还是剪贴画。根据需求，还可以直接去拍摄现场监督。此外，设计师还可以和摄影师一起从照片中挑选要使用的图像，商讨修正和润色的必要性和方向性。密切的交流是优秀的视觉作品的基础。

044

保存位图图像时使用 PSD格式最为方便

在Photoshop中，我们可以处理多种格式的图像文件。其中，不会让画质变差，同时能让工作最有效率的就是PSD格式。

使用Photoshop的图层进行修正和合成

在Photoshop中，我们需要不断创建新的图层，才能将工作进行下去。打开或关闭眼睛图标，就能够切换图层的可见或不可见，从而能够暂时关闭效果。

形状图层
文字图层
调整图层
背景图层

在Photoshop中，我们会叠加各种各样的图层，进行图像的修正与合成。

▶ Photoshop原生格式PSD的优点

在Photoshop中使用的位图图像有各种文件格式。但是，要在平面设计中使用图像，就必须考虑它的画质如何才能不变差，Photoshop如何才能有效率地工作，如何与Illustrator和InDesign联动，还有如何才能让它在印刷输出阶段不出问题。这些都很重要。能打消以上所有顾虑的，就是Photoshop的原生格式——PSD格式。特别是它还能保留图层信息，这在修正和调整图像时极为有效。

▶ 主流图像文件格式支持的功能

PSD格式是Photoshop的标准格式，所以在保存时，能够保留图像中应用的所有功能。除此之外的其他文件格式，有可能会不支持某些功能，或者在色彩模式上有所限制。要是在不知情的情况下保存成其他格式，说不定在后期就不能进行修改了，所以在保存图像文件之前，我们要仔细确认选择的格式是否支持在图像中应用的功能。

在Photoshop的"保存类型"下拉列表中，有多种文件格式可供选择。

	图层	Alpha通道	路径	CMYK模式
JPEG	×	×	○	○
PSD	○	○	○	○
TIFF	○	○	○	○
EPS	×	×	○	○

在DTP中，会常用到图层、Alpha通道、剪贴路径等功能，但有些文件格式无法保存这些信息。使用PSD格式，就能保留所有的信息了。

▶ 在保存选项中设置详细信息

在Photoshop中保存图像时，根据文件格式不同，会弹出不同的设置对话框，从中可进行保存相关的详细信息设置。比如说，保存为JPEG格式时可以设置压缩度。右图中显示的是"TIFF选项"对话框中，可以选择的图像压缩方式等详情。

▶ 最终的文件格式需要遵循印刷厂要求

交付印刷时的文件格式和色彩模式，都需要事先和印刷厂商量好。要是不小心弄错了格式，那么之后转换格式就会比较麻烦。

另外，为避免输出时发生事故，最好事先拼合Photoshop中的图层。

在修正图像时，我们一般使用RGB颜色，但是在最终交付印刷前，我们需要先在"图像"菜单中选择"模式→CMYK颜色"命令，将其转换为CMYK颜色模式。

为避免印刷事故，在交付前，我们要先合并图层。从"图层"菜单中选择"拼合图像"命令，或者从"图层"面板的扩展菜单中选择"拼合图像"命令。

045

了解画笔工具的操作方法

在使用Photoshop时，经常会用到画笔工具来绘制图画。我们先来掌握调整画笔的大小和硬度的方法吧。

各种画笔的笔触

书法风格

选择"椭圆（10px）"画笔，用有强弱变化的笔进行绘制。

素描风格

使用"铅笔"画笔绘制。比系统默认的画笔更有颗粒感。

毛笔风格

选择"喷溅（14px）"画笔，加强线条的强弱对比。

漫画笔风格

使用"硬边圆（大小随压感）"画笔。不仅能根据压感调整强弱，还可以把画笔大小调小，来绘制头发上的细致线条。

▶ 运用各式各样的笔触表现画面

Photoshop的其中一个有趣之处，就在于它可以选择不同的画笔绘图。因为它可以实现徒手绘画，所以可以绘制漫画和插画。修正照片时，也可以使用画笔进行细致的绘制、修改。在进行这些操作时，配备上一个有压感的数位板和手写笔，可提高工作效率。

想要调整画笔的大小和硬度，可以在面板中更改设定，在绘制过程中使用快捷键能使操作更便利。另外，我们还可以制作自己的原创画笔，并将它添加到预设画笔中。

Chapter

2

应用程序和制作篇

▶ 调整画笔的大小和硬度

想要调整画笔的大小和边缘模糊程度，可以在工具栏中打开面板，用"大小"调整画笔的大小，用"硬度"调整边缘的模糊程度。另外，还可以用快捷键更改"大小"和"硬度"。

在"画笔"面板中，选中"画笔笔尖形状"选项，就可以添加新的画笔。

我们在"画笔预设"面板中，给自己制作的画笔命名并将其保存。另外，也可以显示已经设置好的画笔的缩览图。

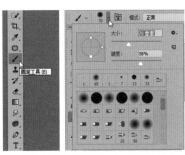

在工具箱中选择画笔工具，在工具栏中单击朝下的小三角按钮▼，打开面板，设置画笔的"大小"和"硬度"。

"画笔"面板

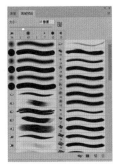

"画笔预设"面板

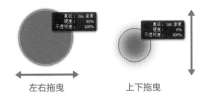

左右拖曳　　　上下拖曳

按住Alt键和鼠标右键进行拖曳，就能更改画笔的大小和硬度。左右拖曳是改变大小，上下拖曳是改变硬度。

▶ 活用压感的画笔笔触

顺应凹凸、阴影，给人物的轮廓线加上强弱变化，就能产生立体感。在"画笔"面板中勾选"形状动态"，将控制方式改为"钢笔压力"，线条就会根据笔压而产生强弱，我们也就能绘制出张弛有度的线条。

表现头发、表情、衣服褶皱等质感时，内侧的线要用细线，外侧则要用粗线。记得调整笔尖的粗细。基本上，离得近的东西用粗线条，远的东西用细线条。

虽然多数人是使用专用的软件来绘制漫画的，但只要掌握了画笔的调节方法，Photoshop也不失为一个优秀的漫画创作软件。

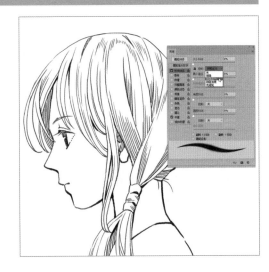

▶ 046

照片的基础修正操作

下面为大家介绍一些Photoshop中基础的图像修正操作。我们在收到图像之后，需要检查细节，制定计划，看看要进行哪些修正。

校正歪斜的照片

选择裁剪工具，单击"通过在图像上画一条线来拉直该图像"按钮。关闭"删除裁剪的像素"，打开"内容识别"。

鼠标光标变为标尺图标，沿着水平方向的线条进行拖曳。

放开鼠标左键以校正倾斜角度。周围会出现白色的部分。

按下Enter键，可以进行内容识别，填充白色部分。

▶ 消除照片的污渍和痕迹，校正倾斜和歪斜情况

照片有很多种类，有在摄影棚摆拍的，也有在室外快照的。但是，要是商品照片上有灰尘和脏东西，或者是快照中有多余的物体，我们就必须根据需求把它们消除。

使用Photoshop的裁剪工具，我们就可以矫正图像的倾斜度，只保留必要的范围。简单的矫正可以由设计师来操作，但如果需要对商品照片和广告照片等进行高精度的矫正，有时也会交给修片师。

▶ 进行裁剪，调整大小和分辨率

从摄影师那里收到照片之后，我们要将所需的部分裁剪（Trimming）出来。在此过程中，我们要事先设置好印刷时需要的实际大小，接着调整好印刷时需要的分辨率。在

Photoshop裁剪工具的选项栏中，可以事先设置图像裁剪后的"宽度"、"高度"、"分辨率"来进行裁剪。

在裁剪工具的设置中，输入图像裁剪后的"宽度"、"高度"、"分辨率"，拖曳图像来确定想要裁剪的范围。

按下Enter键实施裁剪。可以看到，图像是按照我们设置的大小、分辨率来完成裁剪的。

▶ 使用"仿制图章工具"和"修补工具"校正图像

在校正图像时，消除多余对象也是一种一道工序。有时，图像上会留有微小的痕迹、灰尘等，我们要放大图片，消除这些细小的污渍。使用仿制图章工具，可以复制周围的干净的像素进行粘贴。

要是想要大范围消除对象，使用修补工具是最有效率，且校正痕迹最自然的。使用这些工具，我们甚至可以消除背景多余的电线和人物。

选择仿制图章工具，调整画笔的大小和硬度。

在想要复制的地方按住Alt键，单击鼠标左键选择。

用画笔在目标区域反复点击后，可以填充复制的像素。

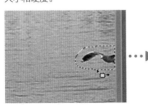

选择修补工具，拖曳鼠标，将想要消除的对象框选起来。

移动选择范围，就可用移动到的范围内的像素来替换了。

047

调控图片的"亮度"和"对比度"

照片的视觉要素中最重要的一点，就是照片的明暗。我们可以使用"色阶"和
"曲线"调整图层对图像进行微调。

直方图和色阶调整

打开一张黄昏时分的昏暗的
图像，打开"直方图"面
板，确认像素的明暗分布。
直方图的高峰段偏向于左边
的暗部，所以给人一种昏暗
的印象。

单击"图层"面板中的"创建新的填充或调整图层"按钮，新建"色
阶"调整图层。在"属性"面板中，会出现直方图。将灰色的小三角往
左侧滑动，就可以提亮图像的中间调。

▶ 使用"色阶"调整图层校正图像

我们进行校正，一般是为了让色调尽可
能地接近实物，或者是因为想要营造图片的
氛围，使它更吸引人。首先需要决定的，就
是我们最终要使用哪种校正方式。

在这里，我们先来看看图像的明度。判

断明度的其中一个方法，就是打开"直方图"
面板进行查看。直方图的高峰段偏左就会使
图像偏暗，偏右则会使图像偏亮。拖动"色
阶"调整图层对应的"属性"面板中的黑、
灰、白三个小三角，就能调整明度的分布。

▶ 用"曲线"调整图层校正图片明暗

曲线可以用图表显示出校正前后的明暗关系，我们可以调整图表的曲线来矫正图像。在RGB颜色模式下，我们把图表的中部向上拖曳，中间的色阶就会被提亮，反之，向下拖曳会使图片变暗。在曲线中，我们可以在图表的曲线上放置多个控制点，上下调整它，就可以达到细致的明度调整。

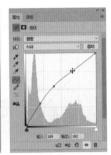

在"图层"面板中单击"创建新的填充或调整图层"按钮，新建"曲线"调整图层。此时会弹出属性面板，可以看到曲线图表。在图表的曲线上放置控制点，上下拖曳它们，就可以改变图像的明度。

▶ 运用"曲线"调整图层调整照片对比度

在曲线图表中，我们可以在线上放置多个控制点，分别调整图像的暗部、中间部和亮部。把曲线调整为S形，就能让亮部更亮，暗部更暗，最终能够加强明暗，达到强调明暗对比的效果。把曲线调整为倒S形，就能让亮部变暗，暗部变亮，明暗差别不明显，最终削弱图像的反差。这个操作能调整图像的张弛。

弱 ◀————— 反差 —————▶ 强

校正为倒S形曲线　　　　无校正　　　　校正为S形曲线

048

调控图片的"色调"和"饱和度"

在Photoshop中调整照片的色调和彩度，想方法让颜色尽可能接近理想状态吧。可以调整参数，多多进行尝试。

调整色调

原图像

在"曲线"中修正红通道

使用"色彩平衡"调整色调

使用"自然饱和度"降低图片饱和度

在Photoshop中，有许多修正色彩的方法。
在上图的范例中，我们抑制了原图像的皮肤泛红，稍微降低了反差。

▶ 改变"色调"

　　想要改变色调，那就必须要调整彩度和明度的数值。在上图的范例中，我们为了抑制人物皮肤的泛红，运用了多种方式改变了色调。在"曲线"中，我们选择"红"通道，抑制了泛红。在"色彩平衡"中，我们又调整了三种数值。还运用了"自然饱和度"降低了图片饱和度。由此可见，为了达到整体的理想修正目标，需要使用多种方法。调整参数后图像效果会如何变化，是需要大家自行摸索经验的。

▶ 选择特定色域，改变"色调"

我们可以选择图像中的特定色域，改变它的颜色。在下图范例中，我们为图像添加了"可选颜色"调整图层，然后在"属性"面板的"颜色"下拉列表中选择了"蓝色"，这样

我们就可以只改变图像中的蓝色区域（天空）了。要是照片中的各种颜色区分明确，就可以使用这个方法，高效地进行修正。

我们只把图像中的天空部分的颜色调得更鲜艳。添加"可选颜色"调整图层，在"颜色"下拉列表中选择想要调整的颜色，拖动"青色"、"洋红"、"黄色"、"黑色"滑块，改变其颜色。不需要自行抠选天空的范围。

▶ 提高/降低"饱和度"

使用"色相/饱和度"或"自然饱和度"调整图层，就可以通过滑动滑块，提高或降低饱和度。滑动"饱和度"滑块，就能提高图片彩度，使色彩饱和，整体的颜色都会发生大幅变

化。要是滑动"自然饱和度"滑块，就算不断提高彩度，但到达一定的数值之后，彩度就不会发生变化，所以能使图像保持自然。因此，在润色人物面部时，可使用"自然饱和度"。

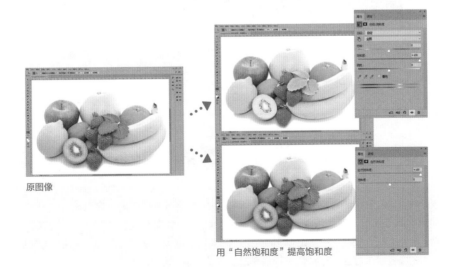

原图像

用"自然饱和度"提高饱和度

▶ 049

根据需要调整图像大小

准备印刷时，需要设置合适的图像分辨率。在原尺寸下将分辨率设置为350ppi上下，排版后尽量不要放大或缩小图片。

要设置实际尺寸的照片的分辨率

350ppi的原图像

就会变成700ppi

排版时
缩小50%……

即使信息量超出设定值画质也不会变得更清晰，还会给图像处理带来不便。

就会变成175ppi

排版时
扩大200%……

放大后，分辨率降低，锯齿就变得很明显。因为图像被放大了200%，所以分辨率变为350ppi÷2=175ppi，达不到印刷标准。

▶ 以100%的尺寸对350ppi的图像进行排版是业界标准

在排版时，一般会频繁地对图像进行放大或缩小，但要注意，放大后画质会变差。使用Photoshop修正图像之后，要备份图像，之后在排版时用"图片大小"调整尺寸。

在排版时，对图像的扩大/缩小操作越少越好，最好只进行微调。如果将图像极端缩小之后再进行排版，那么小图中信息量过大，不方便操作，工作效率也会随之降低。反之，如果放大图像，那么分辨率就会降低，图像会变得很粗糙。

▶ 放大时需要注意分辨率！

一般来说，用于印刷的图像的分辨率，要设置为印刷线数的2倍左右（300～350ppi左右）。这是印刷时实际尺寸所必须的图像分辨率。在Photoshop中设置合适的图像分辨率之后，再于排版阶段进行放大或缩小，那么分辨率就会过大或不足。如果是分辨率不足，那么像素就会变大，印刷后可能会出现锯齿，这点一定要注意。

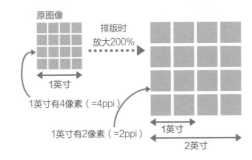

图像分辨率就是图像的像素的精细程度。在排版时放大图像，就会使像素变大，还请大家牢记这一点。

▶ 用Photoshop调整图像大小

在Photoshop的图像菜单中，选择"图像大小"选项，在打开的界面中设置"宽度"、"高度"、"分辨率"就可以调整图像尺寸了。

若一开始取消勾选"重新采样"选项，在"分辨率"选项中输入350，画面上就会显示能够印刷出来的最大的"宽度"和"高度"。在排版时，记得不要超过这个数值。我们可以先决定好排版时的图像尺寸，调整大小时，勾选"重新采样"选项，设置宽度、高度和分辨率后，点击"确定"按钮。

在排版前，我们是不知道实际尺寸有多大的。此时就需要在"图像大小"界面中取消"重新采样"的勾选，输入需要的分辨率，此时宽度和高度的数值就会变化。这就是印刷时可以使用的最大尺寸。

排版结束，确定图像实际尺寸后，打开"图像大小"界面，再次勾选"重新采样"选项，设置宽度、高度和分辨率，并调整图像大小。此时要注意，不要让设置后的像素数变大。

▶ 050

对照片图像进行抠图

我们可以单独把拍摄对象剪切出来。抠图需要消除背景的像素，添加图层蒙版，使用裁剪路径。

变为透明背景，进行抠图

为了消除背景像素，需要圈选背景部分。拍摄的照片背景为单色是最理想的。

用魔棒工具选择背景部分，使用快速蒙版功能，填充细节部分，生成选择区域。

双击解锁背景图层，按下Delete键消除背景像素。

在图层下方新建图层，插入其他背景图像，对两张图像进行合成。

▶ 消除背景像素，进行抠图

我们可以将背景图层变为普通图层，消除背景像素来进行抠图操作。

要想抠图之后就使用照片，可以拜托摄影师，在拍摄阶段使用单色的背景。背景中没有混杂其他颜色，我们就可以简单地选中背景了。在图层面板中双击背景图层缩略图，就可以更改图层状态。选中背景部分，按下Delete键，背景就可以变为透明，透出下一个图层的图像。

▶ 生成图层蒙版

生成图层蒙版，就可以使用蒙版上的黑白图像抠图了。使用时，我们不选中背景，而是选中拍摄对象，点击图层面板下方的"添加蒙版"按钮，这样图层上就会显示出蒙版，背景部分会变透明。蒙版图像是黑白两色的，白色部分是会显示出来的画面，黑色部分被蒙版遮住，所以变为透明。我们先来学习合成时的基本技巧吧。

选中想要抠出的拍摄对象（以图中的小狗为例），点击图层面板下方的"添加蒙版"按钮。

图层上会生成图层蒙版，拍摄对象以外的背景会被蒙版遮住，变为透明。

点击图层蒙版的缩略图可直接填充蒙版。按住Shift键，同时点击缩略图，就可以显示蒙版图像。

▶ 使用裁剪路径抠图

想用锐利的线条抠出拍摄对象的形状，可以使用裁剪路径。用钢笔工具沿着拍摄对象的轮廓，生成路径。在路径面板中选择"存储路径"选项，接着使用"剪贴路径"功能。保存图片时，如果要连路径一块儿保存，可以使用PSD格式。

想要用锐利的线条抠图，就要使用钢笔工具，沿着拍摄对象的轮廓生成路径。

从路径面板菜单中选择"存储路径"选项，任意命名后保存。

接着，从路径菜单中选择"剪贴路径"选项。选择想要抠出的路径，点击"确定"按钮。

▶ 051

扫描手写稿，将其转换为灰度或位图模式

下面向大家介绍一下扫描纸质漫画原稿并将其转换为数码资料的操作顺序。一般来说，漫画的印刷稿件都是600~1200ppi的位图图像。

漫画原稿的扫描和修正

原稿件

漫画的原稿上印有浅色的框线和刻度。有些时候还会印有淡蓝色的标注和指示要求。

以灰度模式扫描

使用灰度模式扫描出来的图像，色彩和铅笔的擦除痕迹变成了浅灰色。

灰度的修正

使用曲线，调整黑白浓度用色彩修正使稿件的黑白两色反差更加明显。要想给线稿上色，就要使用灰度线稿。

变更为位图模式

50%阈值　　　扩散仿色

位图模式的种类
在更改为位图模式时，可以选择种类，进行模式变更，线条的反锯齿会消失。

▶ 扫描原画，变更为位图

要想印刷黑白的漫画原稿，那么就要扫描原画，将其调整为位图模式。如果用灰度模式来进行操作，黑色和白色的中间会产生灰色模糊（反锯齿），会给填充带来料想不到的麻烦。

变更为位图模式时，需要选择"50%阈值"或者"扩散仿色"选项。"半调网屏"容易导致网纹干扰，建议不要使用。还有最重要的一点，一定要将黑色调整为100%浓度。

▶ 修正扫描图像

处理漫画原稿，在扫描后进行修正是必不可少的步骤。要注意线条有没有变形或断裂，活用曲线和色阶调整，给黑白两色加上反差对比。还必须要注意由纸的颜色或褶皱产生的阴影，以及铅笔的痕迹等等。最终，我们需要将图像转换为位图图像。

扫描

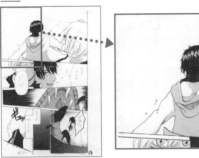

黑白印刷的分辨率需要设置为600ppi以上。一般扫描为灰度模式。

消除污渍

浓度调整阶段没能完全清除的多余线条或者污渍，要用橡皮或者白色画笔工具清除。在上一阶段不小心清除的黑线也需要补画。

浓度调整

使用色阶，调整黑白浓度

调整黑白对比。不能消除细线条，同时也不能让线条或者网点的高密度部分模糊。尤其不能让大面积涂黑处深浅不一。

抽出线稿（把白色背景调为透明）

复制灰色通道，读取选中范围（反色）。在新建的透明图层上涂抹，白色背景就能被透明化，只留下线稿。此时删除原图像也没关系。

将彩图转换为位图

要想对彩图转换为位图，可以直接用自动数值转换，但我们也可以在转换前使用灰度模式，调整整体图像。在"图层"菜单中选择"新建调整图层"→"黑白"选项，在"属性"面板中就会显示调整滑动条。滑动滑块，就可以调整整体的灰度了。

在"属性"面板的"黑白"选项卡中，操作的滑动条，调整整体效果。调整之后合并图层，转换为灰度图像。

052

给漫画原稿上色

在给线稿上色时，根据不同的部位分图层上色，会给之后的颜色调整和变更带来极大的便利。上色操作不需要转换为灰度模式，要用350～400ppi的分辨率来完成。

Chapter

2

应用程序和制作篇

准备线稿

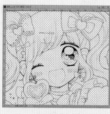

把线稿的白色背景转换为透明，就可以改变线条颜色，或者改变部分颜色了。记得勾选线稿图层的"锁定透明像素"按钮。

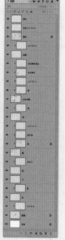

将线稿图层置于最上方，下方放置上色图层。根据部位不同，新建不同的上色图层，在之后修改、更正颜色时就会很方便了。阴影也单独建一个图层，裁剪到基底层上，阴影就不会超出范围了。

▶ 给漫画原稿上色

一般来讲，上色时，漫画的彩色原稿需要350～400ppi的分辨率。我们要在上色前调整好分辨率。如果直接用350～400ppi的分辨率扫描漫画的线稿，那么线条的抖动就会很明显，不容易和色彩融合。记得要用灰度进行扫描，读取之后进行修正和线条的抽出。不需要

转换为位图模式，就可以开始上色了。

如果线条边缘有反锯齿，那么填充颜色时可能会产生填充不到的空白处。提高魔棒工具的容差，扩张选区范围，就能有效避免这种情况。

▶ 创建上色图层，在选区中进行上色

分图层给皮肤、头发、服饰等部位上色，并且也要给基底和阴影分图层上色。也可以把线稿放置在最下层，在它上面新建上色图层，叠加上色。

从"图层"面板菜单中选择"新建剪贴蒙版"选项，就可以使用处于下方图层的形状来限制上方图层的显示状态。用这个技法，可以高效地绘制阴影和高光。

新建上色图层

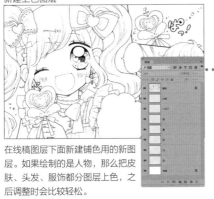

在线稿图层下面新建铺色用的新图层。如果绘制的是人物，那么把皮肤、头发、服饰都分图层上色，之后调整时会比较轻松。

指定上色区域

用魔棒工具选择皮肤上色区域。线条中断处需要补上。勾选"对所有图层取样"、"连续"、"消除锯齿"选项，再选中要上色的肤色部分。如果容差太小，有时就会漏掉周围线条（最好设置为20～25px）。

扩张选区

在选区菜单中选择"调整边缘"→"扩张"选项，将选区扩大2～3px左右，就能大致与线条重合。图中正在用快速蒙版涂抹蒙版区域。

为皮肤底色上色

将前景色设置为皮肤颜色，按下Alt/Option+Delete键进行涂抹。

上其他底色

分图层绘制"皮肤"、"嘴"、"头发"、"服饰"、"蝴蝶结类"等部分的底色。

为阴影、高光上色

不要直接在底色上涂阴影和高光，要新建图层。剪贴底色图层之后，涂的颜色就不会显示出来。最终效果参见左页。

053

使用半调图案上色

在Photoshop中，我们也可以生成网点类或平行线图案。只要添加到纹理或图案中去，就可以像上色一样使用了。

线稿

调整灰色的浓度，在透明背景的线稿上涂抹出想要添加图案的区域。

贴完网点的原稿

将灰色转换为半调图案。

▶ 漫画的图案需要用位图模式生成

在漫画中，我们通常使用低线数网点来表现灰色。网点（半调）需要通过Photoshop的"彩色半调"滤镜来生成。

如果工作原稿是600ppi，那么图案也需要使用同样的分辨率来进行保存。细致的网点或者规律平行线图案，最好转换为位图模式，这样能防止干扰纹。

将图案的背景调整为透明，就不需要把图案图层的混合模式调整为"相乘"了，能够简便地叠加和改变其颜色。

▶ 用"彩色半调"滤镜生成点状图案

使用"彩色半调"滤镜，就可以在指定范围内填充半调图案。使用滤镜后，背景的白色将会变成不透明图像，所以叠加的时候，我们需要将图层调整为"相乘"模式。用"彩色半调"滤镜生成的图案是带反锯齿的，所以最后要记得将其转换为位图模式。

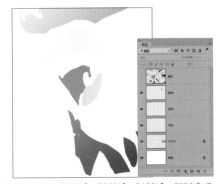

在想要填充图案的区域，分图层涂抹不同浓度的灰色。图例中分成了"50%"、"20%"、"10%"、"渐变"几个图层。

灰色的浓度将被转换为网点的点状大小。选择任意浓度的灰色图层（或者是选中一个选区），从"滤镜"菜单中选择"像素化"→"彩色半调"选项。在通道1~4中均输入"45"。在分辨率是600ppi时，将最大半径设置为7~8px，就能生成相当于60线的网点（dot）了。

Photoshop的图案填充

用在阴影上的网点图案，或者是要在一张原稿中多次使用的图案，都可以在"编辑"菜单中选择"填充"选项，全图层填充图案，再用图层蒙版进行调整。这种方法十分方便。另外，也可以用画笔和橡皮擦工具涂抹或者消除图案。

▶ 054

在Illustrator中设置多个画板

Illustrator的画板相当于用来绘画的底纸。在设计时需要使用的文本和图像都要放在画板上。

设置多个画板

我们可以在一个文件中设置多个画板。例如，效仿图例，高效制作多颜色版本的总体设计稿。

我们还可以设置不同大小的画板，所以可以在同一个文件中完成各种媒体的设计。

▶ 活用画板，同一份设计也可以多次运用

Illustrator的画板，就相当于产品的纸张。比如说，要制作A4大小的产品，那就新建A4大小的画板，或者是新建一个包含角线的稍大一圈的画板。

Illustrator CS4以后的版本可以创建多个画板。我们可以在同一个文件中，利用设计的其中一个部分，或者是制作不同的版本。制作传单的正面和反面、不同颜色的版本、宣传单、票券……这些相关的产品，我们都可以高效地完成了。

▶ 创建多个画板

从"文件"菜单中选择"新建"选项，打开"新建文档"界面，输入画板的尺寸和数量。

如果要创建多个画板，那么则需要点击"详细设置"按钮，设置画板的排列方式和间隔。点击"新建文件"按钮，同尺寸、等间隔的画板就会排列在我们眼前。

在"新建文档"界面中输入宽度、高度、画板数量。要想设置画板的排列方法，需要点击"更多设置"按钮。

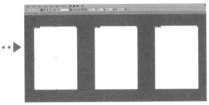

在"详细设置"界面中选择画板的排列方式，输入画板间的间隔。点击"新建文件"按钮。

新建了3个画板。选择画板工具后就会显示出上图界面，在控制面板中会显示出每一个画板的信息。切换画板时需要打开画板面板，双击画板的名称。

▶ 添加/删除画板和修改尺寸

打开"画板"面板，双击画板的名称即可切换面板。点击"画板"面板下方的"新建画板"按钮，就可以添加新的画板。另外，我们还可以修改单个画板的尺寸。

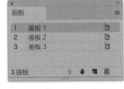

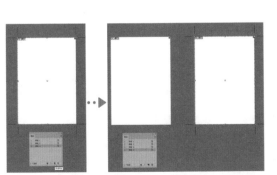

点击画板面板下方的"新建画板"按钮，就可以添加新的画板。还可以点击"删除画板"按钮进行删除操作。

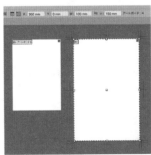

选择画板工具，可以修改单个画板的尺寸。

▶ 055

使用坐标值和参考线正确配置对象

在Illustrator中，新建画板之后，可以显示标尺、设置参考线。新建对象的坐标值和大小都会显示在变换面板中。

锚点和标尺、参考线

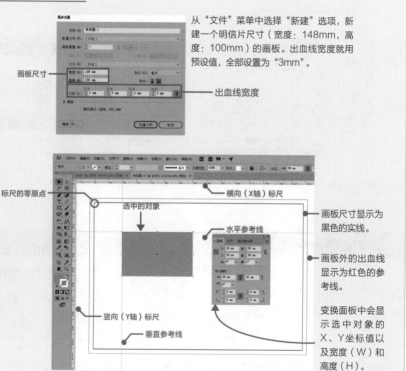

从"文件"菜单中选择"新建"选项，新建一个明信片尺寸（宽度：148mm，高度：100mm）的画板。出血线宽度就用预设值，全部设置为"3mm"。

画板尺寸 ——

出血线宽度 ——

标尺的零原点 ——

横向（X轴）标尺

选中的对象

水平参考线

画板尺寸显示为黑色的实线。

画板外的出血线显示为红色的参考线。

竖向（Y轴）标尺

垂直参考线

变换面板中会显示选中对象的X、Y坐标值以及宽度（W）和高度（H）。

▶ 使用标尺，正确配置对象

Illustrator用于单页印刷品的排版设计。新建画板时，需要严密设置完稿尺寸、出血范围。另外，排版需要正确的配置对象，所以输入数值调控对象，使用参考线整齐地排列对象等功能都是必不可少的。

首先从视图菜单中选择"标尺"→"显示标尺"选项，让标尺出现在画面上。标尺的零原点在画板左上角（0,0）处。

左侧边栏：
Chapter
2
应用程序和制作篇

▶ 生成水平或垂直的参考线

使用标尺，可以拉出参考线。从水平或者垂直的标尺处往文件方向拖曳，就可以拉出参考线，所以我们可以把参考线拖至需要的地方，然后松开鼠标左键。CC之后的版本中，双击标尺也可以生成参考线。生成参考线时按住shift键，就可以在标尺刻度处生成参考线了。

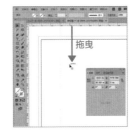

从标尺处拖曳，或者双击标尺，都可以生成参考线。还可以选中参考线，在变换面板中用X、Y坐标值调整参考线的位置。

▶ 移动标尺的零原点位置

我们可以把标尺的零原点放在任意位置。如果需要在画板内生成角线进行排版的话，把标尺的零原点位置放置在完稿尺寸的左上角是最方便操作的。操作时，要将光标对准水平和垂直参考线的方形交叉处，将其拖曳至新的零原点位置。如果想要重置零原点的位置，那么可以双击水平和垂直参考线的方形交叉处。

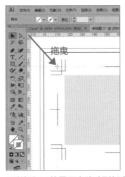
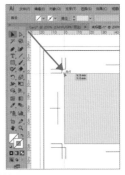

可以把标尺的零原点移动到任意位置。

▶ 将对象变换为参考线

我们可以将任意对象转换为参考线对象。比如说，在设计名片时，我们需要在名片的出血线处生成一个方形框。将这个方形框转换为参考线对象，能给之后的操作带来方便。

参考线在画面上会显示为蓝色的线（参考线颜色可以在首选项中进行更改），并且在印刷时不会被印刷出来。另外，我们还可以锁定参考线或者将其设置为不可见。

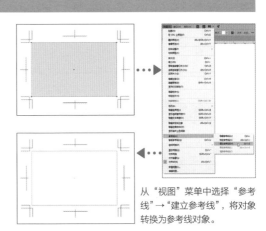

从"视图"菜单中选择"参考线"→"建立参考线"，将对象转换为参考线对象。

123

使用钢笔工具自由绘制线条

在平面设计软件中，图形都是由贝塞尔曲线构成的。钢笔工具就是用来绘制贝塞尔曲线的。熟练使用钢笔工具，可以绘制出形象灵动的图形。

用Illustrator绘制的图形的构造

显示预览

显示轮廓

用Illustrator绘制的插画是由钢笔工具绘制各部位的曲线组成的，把各个部位组合起来就制成了图形。

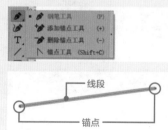

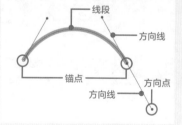

▶ 调控锚点、线段、方向线

在平面设计软件中，绘制方式叫做"贝塞尔曲线"。贝塞尔曲线是由用来显示点（坐标值）的"锚点"、连接锚点的"线段"、用来显示线条弯曲程度的"方向线"和"方向点"（这些合起来叫做"拉杆"）组成的。

用钢笔工具绘制曲线时，需要在一开始单击画布设置锚点，按住锚点进行拖曳，拉出方向线，接着再单击画布，在两点间创建线段。

▶ 钢笔工具的基础操作

用钢笔工具绘制图形时，有以下5个基础操作。掌握这几种方法，就可以绘制出任意的形状了。请大家反复练习。

绘制直线或连续的直线

用钢笔工具点击两点之间，就可以绘制直线了。绘制连续的直线，只需点出下一个点。
结束时，只需按住Command键（Windows是Ctrl键）单击空白处即可。

绘制曲线或连续的曲线

绘制曲线，需要用钢笔工具单击第一个点以设置锚点，再对其进行拖曳，拉出方向线。
下一个点也需要重复单击+拖曳操作。松开鼠标左键，就能确定曲线的形状。

画完曲线后画直线

首先，单击+拖曳，绘制曲线。之后暂时放开鼠标左键，点击最后的锚点。
这样就能清除下一条曲线的方向线。然后移开鼠标进行点击，就可以绘制直线了。

画完直线后画曲线

首先，只需重复单击，绘制出直线。之后暂时放开鼠标左键，将光标对准最后一个锚点，单击。
这样进行拖曳，方向线就会出现。接下来只需在别的地方进行单击+拖曳操作，就可以绘制曲线了。

绘制尖角曲线

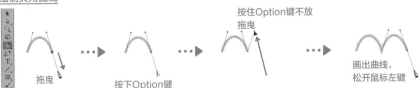

首先，单击+拖曳，绘制曲线。之后暂时放开鼠标左键，按住Option键（Windows是Alt键），拽住方向点（方向线前段的圆形小点）进行拖曳。接下来只需在别的地方进行单击+拖曳操作，就可以绘制曲线了。

125

对象的"填色""描边""外观"

在Illustrator中，我们可以为对象指定"填色"和"描边"属性。另外，在外观面板中，我们还可以添加新的填色和描边。

"填色"和"描边"的属性

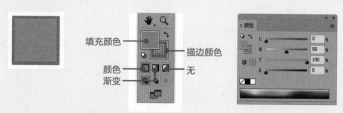

填充颜色
描边颜色
颜色
渐变
无

用Illustrator的路径画出的图形，都可以分别设置填充颜色和描边颜色。
颜色需要用颜色面板或取样器设置。

渐变填充

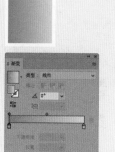

图案填充

描边形状

填色种类有颜色填充（平涂）、渐变填充、图案填充几种。图案需要在色板中选择，
或者在图案面板中新建。描边的形状需要在描边面板中设置。

▶ 为对象指定"填色"和"描边"属性

在Illustrator中绘制的图形都是由路径构成的。"描边"作为路径的轮廓，是可以指定颜色和形状的。"填色"作为被路径圈出的范围，也可以设置其颜色、渐变和图案。

渐变需要在渐变面板或者渐变工具中选择颜色。图案可以在色板的现有图案中选择，或者在图案面板中新建。在一条路径的基础上，赋予它填色和描边等各种属性，就可以使对象的外观更为美观。

▶ 在外观面板中新建描边、填色

使用外观面板，我们就可以新建"描边"和"填色"的属性。两次、三次地叠加属性，可以使对象的外观效果看起来更丰富。

颜色的属性，需要打开外观面板的色板或者颜色面板来设置。描边的属性需要打开描边面板设置。另外，我们还可以打开透明面板，设置对象的不透明度。

描边和填色的叠加顺序，可以通过在外观面板中上下移动图层来控制。

使用星型工具绘制星型形状。可以在外观面板中直接设置描边的颜色、粗细还有填充颜色。

拖曳外观面板的名称，能改变叠加顺序。

如上图所示，点击对应按钮，添加新描边，将新描边放到边缘，更改线条粗细和颜色。

如上图所示，点击对应按钮，添加新填色为填色指定图案，将不透明度改为"80%"。

▶ 创建描边文字

在外观面板添加描边属性，就可以创建描边文字了。想要在照片上叠加文字时，给文字添加白边，就可以让白色充当文字和背景的分离色，借此提高文本的可辨性，方便读者阅读。

058

效果菜单和图形样式

在效果菜单中有许多特殊滤镜，可以让路径变形、制作模糊效果等等。效果菜单中应用的特效会被添加到外观面板中。

Illustrator滤镜的范例

效果菜单中显示的特殊效果指令。

应用滤镜后，滤镜被添加至外观面板。

无效果 **Effect**

模糊 **Effect**

投影 **Effect**

外发光 **Effect**

涂鸦 **Effect**

圆角效果 **Effect**

▶ 效果菜单的特殊效果和外观面板

效果菜单中有"Illustrator效果"，应用于路径对象；另外还有"Photoshop效果"，应用于图像。上图中展示了一些"Illustrator效果"的作品范例。

应用滤镜后，滤镜会被添加至外观面

板。如果想要编辑滤镜，可以点击外观面板中的滤镜名称，在界面框中更改设置。

在外观面板中，点击眼睛图标，就可以暂时调节滤镜的可见/不可见。当然，还可以删除滤镜。

▶ 设置文档的栅格效果

在效果菜单中应用"模糊"或者"投影"效果后，路径会被转换为位图图像。在效果菜单的"文档栅格效果设置"界面中，可以设置栅格时的"色彩模式"和"分辨率"。在制作印刷品时，请把分辨率设置为300～350ppi。这个操作也可以在"新建文档"界面中进行。

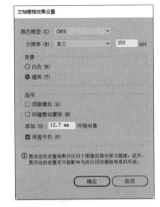

▶ 将外观添加为图形样式

在外观界面中显示的填色和描边、滤镜等，都可以添加至图形样式。当想把这些效果应用在其他对象上时，就可以简单地点击图形样式中的缩略图按钮来完成了。

在右图范例中，我们将之前做好的外观效果添加到了图形样式中。

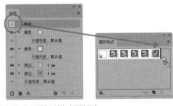

把外观面板中的范例缩略图拖曳到图形样式面板中。

添加好的图形样式通过单击就可以应用到其他的对象上了。

▶ 使用图形样式库

从窗口菜单中选择"图形样式库"选项，就可以使用已添加到Illustrator中的图形样式。根据效果的不同，它们已经被分类，可以选择它们，试试哪种效果是最理想的。

从窗口菜单中选择"图形样式库"→"3D效果"选项，打开面板。用星型工具绘制新对象，单击缩略图就可以应用效果了。

059

使用"剪切蒙版"功能裁剪照片

在Illustrator中，可以打开还未在Photoshop里裁剪过的照片，进行裁剪操作。在这里，我将为大家介绍Illustrator特有的"剪切蒙版"功能。

应用剪切蒙版

在照片上叠加一个和想要裁剪的范围同样大小的对象，选择两者，在对象菜单中进行"剪切蒙版"→"创建"操作。

照片的四周被蒙版遮盖住了。

选择想要裁剪的照片，在控制面板中点击"蒙版"按钮。

显示定界框，拖动框线调整大小，就可以裁剪照片了。

▶ 裁剪照片

想要在Illustrator中裁剪照片，需要将作为蒙版的方形或者圆形叠加在照片之上，选中两者，从对象菜单中选择"剪切蒙版"→"创建"选项。另外，选中照片，在控制面板中选择"蒙版"选项，就可以调整定

界框的框线，给照片添加蒙版。

想要对裁剪进行编辑，需要使用直接选择工具，单独选择照片对象或者蒙版对象，实施移动、扩大、缩小操作。

▶ 裁剪后的编辑

使用剪切蒙版后，对象都会被分组。想要进行编辑时，需要用直接选择工具选中其中一个对象。或者，从对象菜单中选择"剪切蒙版"→"编辑内容"或者"编辑蒙版"。又或者，可以用选择工具双击对象，切换为编辑模式进行操作。

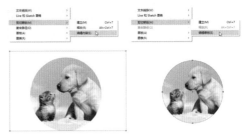

从对象菜单中选择"剪切蒙版"→"编辑内容"或者"编辑蒙版"。

使用选择工具双击对象，切换为编辑模式进行操作。

使用直接选择工具，选中单独的对象进行编辑。

在图层上应用剪切蒙版

剪切蒙版这个功能在图层面板上也有。在图层面板中操作，蒙版可以应用到图层内所有的对象上。把被蒙版遮盖住的对象放到图层的最上层，从图层面板中选中图层名称，从面板菜单中选择"建立剪贴蒙版"。在作品范例中，我们给CD上超出碟面的图案做了蒙版遮挡。

在图层面板菜单中应用剪切蒙版，对象不会被分组，所以在应用后也可以自由地编辑对象。

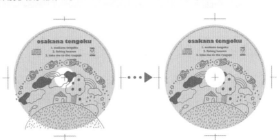

060

"文字工具"和"路径文字工具"

我们先来了解如何在Illustrator中输入文字吧。在这里，我将为大家解说"点文字"、"区域文字"、"路径文字"的输入以及其编辑方法。

使用文字工具输入"点文字"

点击 ┄┄▶ 点文字

选择文字工具，单击想输入文字处，光标会
在那里闪烁。

用键盘输入文本，配置文字。
如果想换行，那就按下回车键。

使用文字工具输入"区域文字"

┄┄▶ 区域文字

选择文字工具，在想输入文字处拖曳，形成
一个方形选区。

用键盘输入文本，配置文字。
文本输入到行末尾时会自动换行。

"点文字"和"区域文字"的转换

点文字 双击 ┄┄▶ 点文字

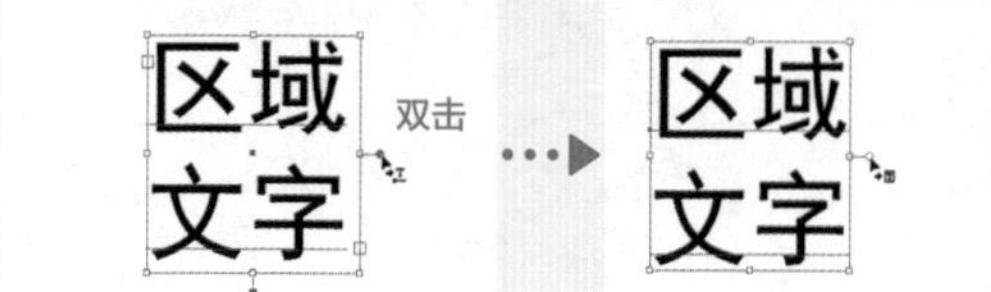

区域文字 双击 ┄┄▶ 区域文字

从视图菜中选择"显示定界框"
选项，框外就会显示出一个突出的
圆形钮。用选择工具在点上进行双
击，就可以使点文字转换为区域文
字（上图），同样的方法也可以把
区域文字转换为点文字（左图）。

▶"点文字"和"区域文字"

　　想要在Illustrator中输入文字，最基本
的操作是，选择文字工具，点击画面输入文
字，这样的文字叫做"点文字"。另外一种是
在画面上拖曳出一个区域，在这个区域内输
入文字，这种叫做"区域文字"。用这两种方

法输入的文字，其编辑方法各有不同。

　　点文字可以转换为区域文字，区域文字
也可以转换为点文字。显示定界框，双击框
外的突出的圆点就可以进行转换了。转换后
需要进行换行/删除等操作。

▶ 路径文字工具

使用路径文字工具，就可以在路径的线段上输入文字了。在路径上输入文字时，路径的填色或者描边的颜色属性会暂时消失，但是可以之后再设定。我们还可以对输入的文字进行移动、翻转操作。在设计圆形的标签、贴纸、CD/DVD的碟面等产品时，都是非常方便的。

在路径上输入文字

用椭圆形工具绘制一个椭圆，消去它的下半部分。将光标对准想要输入文字的位置，使用文字工具点击路径。

光标闪烁，这样就可以输入文字了。

输入了文本。文本是沿着路径配置的。

移动路径文字

用选择工具单击后，文字的前端、中央、后端都会出现条形标记。按住条形进行拖曳，就可以移动文字了。

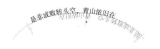

拉住中央的条形，往路径对面拖曳就可以实现翻转。

▶ 路径文字设置

选中路径文字，在文字菜单中选择"路径文字"选项，就可以从5个效果中选择一个进行使用。而且可以在"路径文字选项"界面选择"对齐路径"或"翻转"。

彩虹效果

倾斜效果

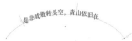

3D带状效果

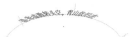

阶梯效果

重力效果

061

排字的基本操作——"零字距排列""窄字距排列""宽字距排列""成比例排列"

文字的排列方式有零字距排列、窄字距排列、宽字距排列等等。正文一般运用零字距排列，处理标题文字等体积大的文字，需要调整文字间距，使文字方便阅读。

文字的排列方式和名称

零字距排列　天青色等烟雨而我在等你

宽字距排列　天青色等烟雨而我在等你

窄字距排列　天青色等烟雨而我在等你

成比例排列　天青色等烟雨而我在等你

在设计上，字被放在一个正方形的文字框里面。
如范例所示，蓝色的框线就是文字框。
零字距排列，就是指文字框无间隙地排列，而宽字距排列或者窄字距排列，就是让文字框之间有间隙，或者让文字框部分重合。而成比例排列，就是根据文字的宽度缩减文字框之间的距离。

竖排列　横排列

在设计上，文字都是被放在正方形之中的，所以可以适应横排排列和竖排排列。

▶ 文字排列的基本形式

首先记住文字排版的基本形式。上图的作品范例就是代表性的排列方式。

使字间距为"0"，就是零字距排列。在"字符间距"中将字距调整为正，就是宽字距排列，设定为负，就是窄字距排列。成比例排列需要根据文字宽度设置字距的缩减程度，可以应用字符面板"设置两个字符间的微调"选项中的"视觉"和"自动"，或者应用字符"比例间距"来设置收缩量。

设计师可以自行判断，选择排列方法。请注意，一定要慎重考虑。

▶ 自动/视觉的成比例排列

在字符面板的"设置两个字符间的微调"选项中选择"自动"或者"视觉"后，就会转换为等比例排列。"自动"包含有关特定字母间距的信息，而"视觉"是基于文字形状调整文字间隔的。

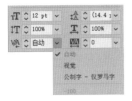

自动（度量标准）	滚滚长江东逝水
视觉	滚滚长江东逝水
原始设定-仅罗马字	滚滚长江东逝水

▶ 字符比例间距

字符面板的"比例间距"选项可以指定成比例排列的%（百分比）。设置为100%是收缩程度最大的，但不会让文字大幅度重合。

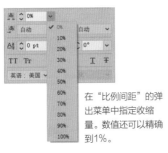

0%	滚滚长江东逝水
20%	滚滚长江东逝水
40%	滚滚长江东逝水
60%	滚滚长江东逝水
80%	滚滚长江东逝水
100%	滚滚长江东逝水

在"比例间距"的弹出菜单中指定收缩量。数值还可以精确到1%。

▶ 字符前/后的间距

使用"插入空格（左/右）"功能，我们就可以把字符前/后的间距设置为"全角空格"、"1/2全角空格"、"1/4全角空格"等。"1/2"就是全角的二分之一，"1/4"就是全角的四分之一，"3/4"就是指全角的四分之三的间距。

在"插入空格（左/右）"的弹出菜单中可以设置间隔量。

零间隔	春夏秋冬
八分之一	春夏秋冬
四分之一	春夏秋冬
二分之一	春夏秋冬
四分之三	春夏秋冬
全角空格	春夏秋冬

062

文字轮廓/路径轮廓/
分割、拼合/透明度分割、拼合

在提交成品进行印刷之前，如果把文字轮廓化，就可以有效避免字体可能会导致的问题。轮廓化不仅可以用在文字上，也适用于线条或者滤镜效果。

加工文字，使文字轮廓化

使用文字工具输入文字，将字体设置为"Impact"。

用选择工具选中文本，从"文字"菜单中选择"创建轮廓"选项。

使用自由变形工具中的透视扭曲，将对象变形为梯形。

选中文字对象，从"对象"菜单中选中"复合路径"→"建立"选项。

在背景添加图片，全选之后从"对象"菜单中选择"剪切蒙版"→"建立"选项。

▶ 使文字轮廓化，转换为对象

我们输入文本，从文字菜单中点击"创建轮廓"选项之后，文字将失去其文字属性，变成图形。因为它失去了文字属性，所以我们之后就不能再对其进行编辑了。要交稿用于印刷时，一般都是把文字轮廓化之后再交给印刷厂的。

另外，进行轮廓化操作之后，我们就可以对文字进行各种加工。不仅可以用直接选择工具选中路径，改变它的位置和形状，还可以做到像上图那样，把图形嵌入到文字里等操作。

▶ 轮廓化描边

在Illustrator中，可以运用描边面板或外观面板制作出复杂的形状。想要实现这种描边效果，可以在"对象"菜单中选择"路径"→"轮廓化描边"选项，先将其转换为图形对象。这样，以前不能用于描边的效果就都可以使用了。

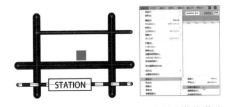

在描边面板中制作道路，在外观面板中制作轨道对象，实施"轮廓化描边"。

将描边转换为图形对象。接着，在路径查找器面板中按下"联集"按钮。

将道路填充颜色改为白色，描边颜色设置为黑色。

▶ 扩展、扩展外观、拼合透明度

使用Illustrator独有的功能制作出来的效果，通过"扩展"操作，可以在其他应用程序中打开。除此之外，透明部分的效果可以通过"拼合透明度"操作，分割路径，或者转换为位图（栅格化）后再交付印刷，这样比较保险。

扩展

选中应用了图案填充的对象，在对象菜单中选择"扩展"，将其转换为路径。右图中就是用轮廓来表现路径的范例。

扩展外观

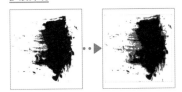

选中用画笔绘制成的对象，从对象菜单中选择"扩展外观"，将其转换为路径。

拼合透明度

选中应用了透明效果的对象，从对象菜单中选择"拼合透明度"。

打开界面，调整设置，单击"确定"按钮后，就可以分割透明效果了。

▶ 063

如何设置"专色专用"的轮廓数据

想要使用Illustrator设置印刷专用的专色，需要从色板库的色标簿里选择颜色，或者是使用印刷色中的1、2版来创建数据。

设置专色印刷品颜色的方法

这张图展示的是从Illustrator的色板库的色标簿里选择颜色后完成的成品数据。

这是从CMYK的颜色面板中，将C设置为专色A，将M设置为专色B之后完成的成品数据。印刷效果和上图一样。

▶ 直接设置专色，或者从印刷色中选择替代品

要想用Illustrator设置专色的排版数据，主要有两种方法。一种是创建实际要使用的专色，从色板库的"色标簿"里显示"DIC色彩指南"等专色专用的色标簿，选择颜色。这种操作的特征是可以一边确认颜色是否接近于实际的印刷成品一边进行调整。另一种方法是，使用普通的CMYK的颜色面板，从中找出能够代替专色的1、2色进行使用。这个方法可以进行叠色，所以十分方便，但是其困难之处在于不能模拟叠色的成品效果。

▶ 使用色板库中的专色

从窗口菜单中选择"色板库"→"色标簿"→"DIC Color Guide"或者"PANTONE"等，就可以打开专色油墨列表。

在InDesign中，要是想要进行叠色，可以使用色板中既有的两种专色进行混合，制作油墨色板或油墨组。但是Illustrator没有这个功能。在Illustrator中，只能使两种颜色对象重合，针对前景对象，在属性面板中设置叠印，或者在透明面板中设置"相乘"效果。

点击想使用的专色

新添了专色

在Illustrator中，打开色板库中专色的色标簿，点击缩略图，它就会添加到缩略图中。要是想调整浓度，则需要在颜色面板中调整。

在颜色面板中调整颜色

将专色的浓度设置为"50%"。

▶ 使用印刷色作为替代品

不选择实际要使用的专色，而是用CMYK颜色代替它，这也是一种方法。比如说，如果是两色印刷，那么就只使用C和M生成数据，交稿时用"C=DICXXX，M=DICXXX"来标注油墨的颜色。

如果印刷时需要用到烫金的金箔银箔等特殊的印刷方法，那么需要在一个文件内分好图层，用一种油墨颜色来创建烫金的数据。交稿时，需要分文件交付给印刷厂，标注好各个文件的印刷颜色和印刷方法。

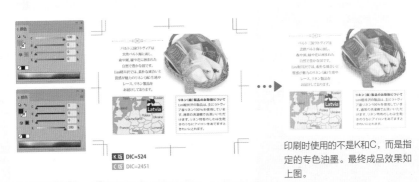

K版 DIC=524
C版 DIC=2451

用印刷色代替专色创建数据。

印刷时使用的不是K和C，而是指定的专色油墨。最终成品效果如上图。

064

在InDesign中新建文档以便装订

在InDesign中新建文档时，需要事先确定好页面大小、装订方式等基本设置。为了不出错，请大家慎重设置。

使用"边距和分栏"新建文档

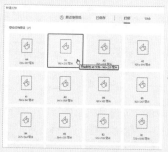

"页面"和"起点"均设置为2，"装订"选择"从左到右"，然后点击"边距和分栏"……

在"新建文档"界面设置页面大小。在"空白文档预设"中可选择各种规格尺寸。

预览中就会显示右图这样的对页版面。我们需要输入边距的数值和分栏数量、间隔，考虑整体的均衡。

▶ 在新建文档时设置页面尺寸、边距、分栏

在使用InDesign创建新文档时，需要事先定好册子的页面尺寸和装订方式。在"新建文档"界面中，可以设置页面尺寸、装订方式，而"边距和分栏"界面中，可以一边观察预览，一边设置上下左右的页边距数值，以及分栏的数量和间隔。

如同上图，我们输入"页数：2"、"起始页码：2"这样的偶数数值，在预览界面上就会显示出对页。这个方法十分便捷，可以一边查看左右页面的均衡，一边设置留白和印刷面的数值。

▶ 书籍和杂志的代表性开本规格

出版业界称书籍的尺寸为"开本"。市面上流通的书籍或杂志一般都是A列或者B列标准开本，又或者是菊型开本、32开、新书开本、AB开本等非标准开本。

书籍和杂志都是用大开本的纸张分页，然后折叠进行印刷。所以特殊开本会在分页的时候浪费纸张，成本也会随之升高，这点需要大家注意。

开本	种类	尺寸(mm)	代表性用途
B4	标准	257×364	美术书、地图、图表类杂志
A4	标准	210×297	美术书、地图、时尚杂志
AB	非标准	210×257	女性周刊、期刊（上下B5开本，左右A4开本）
B5	标准	182×257	辞典、百科、地图、工具书、（男性）周刊
菊型	非标准	152*×218*	文艺类书籍（比A5开本稍大）
A5	标准	148×210	学术书、专业书籍、教科书、综合杂志、文艺类杂志
32开	非标准	127×188	普通书籍（单行本）、文艺类书籍（比B6开本稍大）
B6	标准	128×182	普通书籍（单行本）、文艺类书籍
小B6	非标准	110*×176*	文艺类书籍
新书	非标准	105*×173*	新书、小说（也叫"B列40取"）
A6（文库开本）	标准	105×148	文库本、手册

*：表中列出的菊型开本、32开、小B6开本、新书开本等规格都是其具有代表性的例子。上下规格、左右规格有很多种不同的版本。

提示：我国的书籍和杂志采用开本制（《图书杂志开本及其幅面尺寸》GB／T788—1987），常见的开本有64开、32开、16开、8开等。开本可以理解为全纸未裁减的全纸被对折长边裁切后获得的小纸张数，例如16开是指全张纸经过四次对折长边后裁切得到16张小纸，由于不同的全纸切成的大小并不一样，所以即使开数相同，最终尺寸也会有所差异，以16开书籍为例，我们会见到通俗描述的大16开、16开和小16开。虽然2000年我国实施的新国家标准（《图书杂志开本及其幅面尺寸》GB／T788-1999）对纸的边长和对折裁切的次数有了更规范的指引，但从实际应用情况来看，我国书籍和杂志尺寸标准仍未完全统一。

▶ 右侧装订和左侧装订的页面排列顺序不同

在InDesign的"新建文档"界面关闭"对页"，界面就会只显示单页。重新勾选"对页"，就可以选择"从左到右"装订或"从右到左"装订。根据装订方式不同，页面的排列也会产生变化。一般来说，正文如果是竖排文字，那么最好选择"从右到左"装订，横排文字最好选择"从左到右"装订。文档设置之后也可以再次更改，但是最好是一开始就设置好。

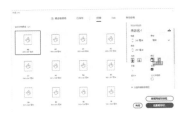

对页：关

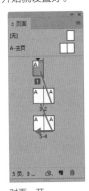

对页：开
装订方式：右侧装订

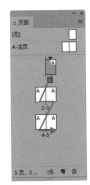

对页：开
装订方式：左侧装订

初期阶段可以从"文件"菜单中选择"文档设置"选项，更改装订方式和页面尺寸等。

065

使用"版面网格"新建文档以便对正文进行排版

如果书籍中的主要内容是文字，那么使用"版面网格"新建文档，在要放置文本的区域内就会显示出文本的网格（格子状的方格）。

使用"版面网格"新建文档

 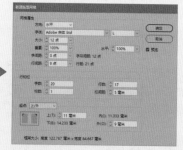

在"新建文档"界面中设置页面尺寸。这里我们设置为A6的文库本大小，接着单击"版面网格对话框"按钮。

在"新建版面网格"界面中，设置字体、字号、字间距等正文字符样式。

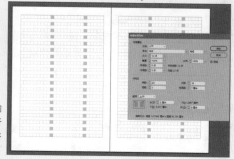

在"行和栏"项目中输入每行的文字数量、行数、栏数、栏间距，并设置上下左右的边距。

▶ 设置正文的字符样式，确定印刷面和留白的空间

在处理以小说、评论等内容为主题的书籍时，使用"版面网格"新建文件能大幅度提高效率。这样，在要放置正文的地方就会显示出一定的空间（印刷面）中，正文文字周围会显示出格子状的网格。在这个网格中填入文字，版面就会十分清爽整洁。

它与前一项中提到的"边距/分栏"的不同之处在于，需要在一开始就设置好正文的字符样式、每行的文字数量以及行数，以此来确定印刷面空间。最后才考虑将印刷面之外的空间设置为留白。这就是网格的工作流程。

▶ 使用网格工具，填充正文

在文档中设置了版面网格之后，我们可以使用水平/垂直网格工具创建框架网格。此时如果创建的框架网格与版面网格不一致，可以在"命名网格"面板（"窗口">"文字和表">"命名网格"）中选择"版面网格"，这样就可以创建和版面网格相同的框架网格了。

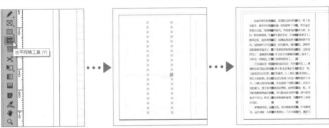

用水平网格工具拖曳创建框架网格后，就可以创建和版面网格相同的字符样式的框架。接着在创建好的框架中读取正文文本。

▶ 把溢流的文本调整至其他的文本框架中

在右图的范例中，有文本溢流现象。在框架网格中，会显示红色的方形溢流按钮。此时，我们需要新建框架网格，连接网格，通过设置，让溢流的文本能够继续被读取到。

连接文本的方法有几种。一种是用选择工具点击溢流按钮。光标会被文本读取并改变形状。接着在新的页面上点击文本开始位置，页面上就会新建文本框架，文本就能继续被读取到了。

如果在按钮发生变化时按下shift键，按钮的形状就会变成S型箭头。在这个状态下，点击新页面的文本开始位置，就可以自动新建页面，直至所有的文本都被读取进来。

用选择工具点击溢流按钮。

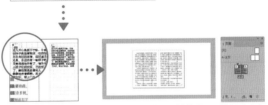

光标会变成上图的形状。在新页面上点击开始位置，可以新建文本框架，读取文本。

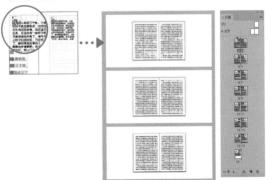

按住shift键进行点击，光标会变为S型箭头。在新页面上点击开始位置，可以新建页面，直至读取所有文本。

066

多页印刷品的基本操作就在 InDesign的"主页面"上

因为处理多页印刷品需要对大量的页面进行排版，所以往往需要大费周折。活用 InDesign的"主页面"功能，提高工作效率吧。

主页面和文档页面

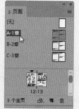

在页面面板中双击主名称，就可以显示主页面。我们可以在这里设置页码、页眉标题、侧边目录等，这些设置可以应用到所有页面。

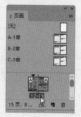

双击文档页面以显示界面。使用选择工具，按住Command+Shift（Win系统Ctrl+Shift）键点击图中位置，就可以激活主页面设置，创建页面。

▶ 以主页面为基础，创建文档页面

在主页面中设置好的项目，可以应用到其主体中的文档页面中，并且可以运用于每一页。在主页面中，我们可以设置每页都能使用的页码、页眉标题、侧边目录等项目，来提高工作效率。

在文档页面中，是不能选择主页面的项目的。但是我们可以按住Command+Shift（Win系统Ctrl+Shift）键，激活主页面项目（这叫做Override），使它们变为可编辑状态。上图中展示的是本书的主页面和文档页面的结构。

▶ 激活主页面项目

要想把主页面里的个别对象激活，可以参照下图中的方法。

一般来说，我们经常会编辑页码、页眉标题项目，但是如果把照片等插入到页码上面，页码就会被挡住。这种情况，我们可以单独激活页码项目，执行把它放在照片上层（置于最上层）等操作，甚至可以删除项目本身。

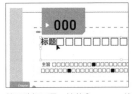
使用选择工具，按住Command/Ctrl +Shift键点击想要编辑的主页面项目，激活它。

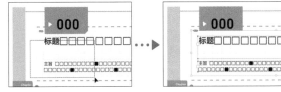
如果想要激活多个对象，那么可以使用选择工具，按住Command/Ctrl +Shift键进行拖曳，在对象周围画出方框。

在文档页面上编辑主页之后，也可以恢复成原来的主页状态。

选中想要恢复的项目，从页面面板菜单中选择"主页"→"删除所有页面优先选项"，就可以删除在对象上添加的编辑内容，还原成原本的主页项目状态。

▶ 主页面的命名方法

我们可以创建多个主页面，分别命名。命名需要添加一个叫做"前缀"的文本。如果不添加前缀，则名称上会有A、B、C、D等序号标识。前缀文本会显示在页面面板中的文档页面图标上，可以清晰地看到前缀都应用到了哪些主页上。

从页面面板菜单中选择"新建主页"选项。

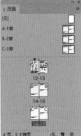

在"前缀"中输入文本，用于让页面面板识别出应用于各页的主页。最多可以写入4个字。

在"名称"中，输入主页的名称。

在"基于主页"中，可以选择以现在的主页跨页为范本的既有主页跨页，也可以选择"无"。

067

"文本框架"和"框架网格"

"文本框架"的功能类似于Illustrator中的区域文字。
"框架网格"是一种拥有独特功能的框架，可以很好地排列文字。

创建文本框架

使用文字工具，拖曳创建纯文本框架。在创建好的框架中输入文字，在控制面板或文字面板中设置字体样式。

创建框架网格

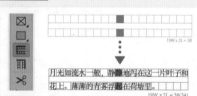

使用水平网格工具，拖曳创建框架网格。框架网格会自动设置字体样式，所以会根据字体样式显示网格。输入文字后，文字会被收进网格的格子里。

更改竖排/横排

使用直排文字工具，拖曳后会形成竖排的纯文本框架。

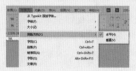

还可以之后从"文字"菜单中选择"排列方向"→"水平"或者"垂直"来变更文字方向。

▶"文本框架"和"框架网格"

　　文本框架需要选择文字工具或者直排文字工具，在画面上进行拖曳以完成创建。

　　框架网格则需要选择水平网格工具或者垂直网格工具，在画面上进行拖曳以完成创建。框架网格自带字体、字号、跨度等文字属性，用来填充文字的网格呈正方形格状。汉字在设计上就是自带正方形框架的，所以使用框架网格，可以整齐地排列汉字，这也是它的一大特征。

▶ 设置文本框架

文本框架的设置可以在"对象"菜单中的"文本框架选项"中进行调整。可以在弹出的界面中设置分栏、边距、文本配置。

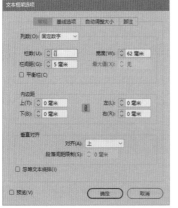

要想设置文本框架，需要从"对象"菜单中选择"文本框架选项"，在弹出的界面上进行各种设置。

在"自动调整大小"列表中，可以通过设置，让框架在文字溢出时自动扩大。

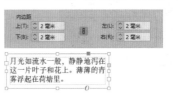

在"列数"界面中，可以把文本框架设置为分栏。需要分别设置"栏数"和"栏间距"的数值。

在"内边距"界面中，可以设置框架周围的边距。这需要把边距的数值输入到上下左右的框中。

▶ 设置框架网格

想要设置框架网格的文字样式，需要双击工具图标，或者从菜单中选择命令。每个网格中会有一个汉字，但是如果使用文字面板或者控制面板，将部分文字变大，那么网格和文字就会产生错位。

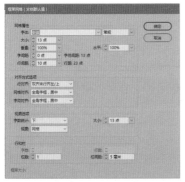

在"网格属性"栏中，可以设置字体、字号、字间距、行间距等属性。

设置框架网格，需要双击水平/垂直网格工具的工具图标。或者是从"对象"菜单中选择"框架网格选项"。

月光如流水一般，静静地泻在这一片叶子和花上。薄薄的青雾浮起在荷塘里。
19W×2L=38(34)

使用"视图选项"，可以在框架网格的下方显示每行的字数、行数、总字数信息。字数会显示为类似于"19W×2L=38（36）"的格式。

月光如流水一般，静静地泻在这一片叶子和花上。薄薄的青雾起在荷塘里。
19W×3L=57(34)

将框架网格中的部分文字变大，那么网格和文字就会产生错位。

▶ 068

活用"字符和段落样式"
处理重复的文本设置

处理小标题或者正文等，可以给在文章中重复应用同一种设置时，使用InDesign
或Illustrator的"段落样式"或"字符样式"，以提高工作效率。

活用样式面板进行排版

这是介绍旅游景点的杂志的排版。地点名、介绍、联系方式等字符设定都是共通的，所以一般都可以活用样式面板进行排版。

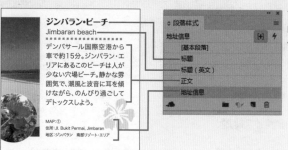

可以对应用在文本里的样式命名，并把它们添加到面板中。

▶ 轻轻一点就可以应用重复的样式，高效工作

在对杂志或者商品目录进行排版时，在一份产品中，可以多次对文本应用同一种样式。另外，改变设计后，我们也不得不改变对所有文章都进行同样的操作，这时非常容易出错。因此，我们可以把字符样式添加到"段落样式"面板或者"字符样式"面板中，这样只需

要一次简单地点击，就可以快速地应用这些样式了。如果想对文章中的部分文字应用设置，那么就把它添加到"字符样式"面板中，如果想对整个段落使用设置，那么就把它添加到"段落样式"面板中。样式设置的内容在之后也可以进行更改。

▶ 添加至"段落/字符样式"

想要添加样式，需要事先在画面上创建应用该样式的文本，选择文本，打开"文字"菜单的"段落/字符样式"，在弹出的界面上输入样式名称。另外，点击面板下方的"创建新样式"按钮，也可以添加样式。

选择"新建段落样式"。

选择字符或段落

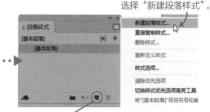

点击"创建新样式"按钮也可以添加样式。此时，样式名称会自动命名为"段落样式1"等名称，我们可以双击名称打开界面，输入样式名称。

输入样式名称，完成添加操作。

▶ 应用"段落/字符样式"

要想应用段落样式，需要选中段落（光标放在段落内也可以），从段落样式面板中点击样式名称。

要想应用字符样式，需要选中段落内的一部分文字，从字符样式面板中点击样式名称。

选中文本

点击样式名称

设置就会被反映出来

样式名称右侧有+这个符号时，表示它内含我们选中的段落样式以外的设置。此时我们按住Option键（Windows系统的Alt键）点击样式名称，应用的就是原本的段落样式，+符号会消失。

▶ 编辑"段落/字符样式"

要想编辑样式内容，需要双击段落/字符样式面板中的样式名称，或者从面板菜单中选择"样式选项"。我们可以在弹出界面的左侧选择项目，更改设置。勾选"预览"可以让更改的设置反映在画面上。

更改创建好的样式（在这里我们把文字颜色改为红色）

应用了此样式的文本更改了设置。

069

照片的搭配和调整

在InDesign中，配置完图像之后，可以单独调整添加的照片和框架。另外，还可以让照片和框架相互适应。

"适合"功能

在"对象"菜单的"适合"选项中，我们可以设置"按比例填充框架"、"按比例适合内容"、"使框架适合内容"、"使内容适合框架"、"内容居中"。这些在控制面板中点击按钮也是可以操作的。

应用前

按比例填充框架

按比例适合内容

使内容适合框架

使框架适合内容

内容居中

▶ 使用"适合"功能，快速调整图像配置

在InDesign中添加照片，照片外侧就会出现图形框架。我们可以单独选中照片和框架，调整尺寸或位置。

如果框架和图像尺寸不符，那么就需要从"对象"菜单中选择"适合"选项，从5种调整方法中进行选择，调整框架大小和照片的搭配。这些也能使用控制面板中的按钮进行操作。记住按下按钮时图像和框架是如何变化的，这能让工作流程更加顺利。

▶ 编辑配置好的图像

针对配置在图形框架中的图像，我们可以用选择工具编辑框架，用直接选择工具编辑图像。使用"适合"功能，就可以点击按钮裁剪照片。

调整图形框架与内容（照片）的尺寸

使用选择工具，可以移动、放大、缩小图形框架。

使用直接选择工具，可以选中框架内的图像，实施移动、扩大、缩小操作。

用选择工具，将光标放置在图像的中央部分，就会出现一个甜甜圈形状的图标（它叫做内容手形抓取工具）。在此状态下单击，就可选中图像，实施移动等操作。

调整图形框架和内容（照片）的尺寸

打开控制面板的"自动调整"，框架和图像就可以同时放大或缩小。"自动调整"处于关闭状态时，可以使用选择工具，同时按住Command/Ctrl+Shift键拖曳框架，这样，框架和图像就能同时、等比例地进行放大和缩小操作。

▶ 选中多个图像进行配置

要是选中多个图像进行配置，画面上就会显示出添加到图形图标中的图像数量，我们可以通过上下箭头选择要配置的图像。

另外，一边拖曳一边按下左右、上下的箭头键，就可以把多个图像排列为格子状。

读取多张图像，拖曳出一个方框时，按下上、右箭头键，就可以将图形框架添加为格子状。

070

轻松运用InDesign制作表格

表格可以更好地整理信息，让读者一目了然。InDesign的制表功能十分齐全，能高效创建表格，这一点优于Illustrator。

创建表格

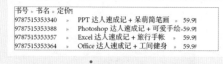

从InDesign的"文字"菜单中选择"显示隐含的字符"，在想要对齐的文字前面插入制表符。选中文本，从"表"菜单中选择"将文本转换为表"选项。

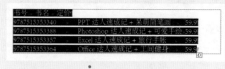

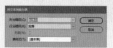

此时会出现上图界面，设置为上图数据后点击"确定"按钮。

根据制表符和该行设置，文字会转换为和上图一样的形式。表内的单元格可以用文字工具选中。

书号	书名	定价
9787515353340	PPT达人速成记 + 呆萌简笔画	59.9
9787515353388	Photoshop达人速成记 + 可爱手绘	59.9
9787515353357	Excel达人速成记 + 旅行手帐	59.9
9787515353364	Office达人速成记 + 工间健身	59.9

显示表面板，就可以更改表的外观。表面板的详情请参照右页。

▶ 使用InDesign的制表功能

InDesign含有其独特的制表功能。虽然Illustrator也能制表，但是它必须从零开始创建对象，所以相比之下，InDesign制表更能节省时间。

在InDesign中，我们需要使用表菜单和表面板，设置表格的样式。想要设置填色、描边、文本等对象的样式，可以使用多种功能。在上图中，我为大家介绍了用InDesign制表的流程。其实还可以进行详细的设置，详情请参照InDesign的帮助菜单。

▶ InDesign的表面板和表菜单

想要设置表的属性，我们可以借助表面板，设置行数、列数、大小、文本对齐方式等外观。选中表格时，表面板的设置项目也会显示在控制面板当中，所以用哪个面板调节都可以。下面将为大家介绍表面板的主要功能。

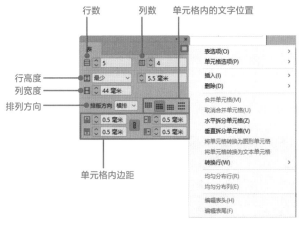

行数　　　列数　　单元格内的文字位置

行高度
列宽度
排列方向

单元格内边距

表选项(O)
单元格选项(P)
插入(I)
删除(D)
合并单元格(M)
取消合并单元格(U)
水平拆分单元格(Z)
垂直拆分单元格(V)
将单元格转换为图形单元格
将单元格转换为文本单元格
转换行(W)
均匀分布行(R)
均匀分布列(E)
编辑表头(H)
编辑表尾(F)

在表面板中，用文字工具选择单元格，就可以更改行数、列数、行高度、列宽度等设置。在表菜单中，可以更改表和单元格的属性，还可以执行单元格合并或拆分等操作。
文本属性可以在字符面板或控制面板中更改。另外，单元格的填色或描边颜色也可以在色板或颜色面板中进行更改。

▶ 表的属性、单元格属性

打开表菜单或表面板的菜单，我们都可以看见许多用来设置表格样式的命令。下图中，使用了"表选项"和"单元格选项"等功能，更改了左页中表格的填色和描边颜色。

"表选项"可以更改整个表格的样式。这里使用图案的重复功能，改变了每一行的填色。

"单元格选项"可以更改选中的单元格的样式。这里将描边的颜色设置为了"纸色"。

书号	书名	定价
9787515353340	PPT达人速成记+呆萌简笔画	59.9
9787515353388	Photoshop达人速成记+可爱手绘	59.9
9787515353357	Excel达人速成记+旅行手账	59.9
9787515353364	Office达人速成记+工间健身	59.9

更改填色和描边的颜色之后，表格的外观也改变了。重点是，配色和文字排列都要设置为方便阅读的样式。

同步至Adobe Fonts
灵活运用到设计中去吧

Adobe Fonts是一项Adobe CC的服务。我们可以打开Adobe Fonts的网站，搜索字体，把想要使用的字体同步到自己的设备上，这样就可以使用这个字体了。

目前该网站仅支持西文字体（默认设置）和日文字体的下载。其中西文字体约有2000种，可谓是让人眼花缭乱。

在查找字体时，我们可以输入一段预备使用的文本，确认字体设计的效果。另外，想要使用Web字体的话，也可以缩小字体范围进行搜索。

想要使用Adobe Fonts字体，需要把它同步到自己的设备里。点击"同步"按钮，等待云端处理一段时间之后，就可以完成同步了。只要不解除与网页的同步，就可以一直使用这个字体。

字体同步完成后，它就会显示在应用程序的字体菜单中。使用时，和其他普通字体的使用方式是一样的，但是要交付印刷时需要注意（字体是否能打印出来）。

Adobe Fonts字体在收集字体数据时，并没有使用打包功能。所以要用于印刷时，需要把使用了本字体的地方轮廓化，或者输出为PDF格式，嵌入字体的轮廓数据。

打开Adobe Fonts的网站（fonts.adobe.com），打开字体一览页。在输入框中输入文本，就可以模拟文字排列效果。还可以点击右侧的按钮，设置筛选条件。

点击想要使用的字体。点击右侧的"Activate fonts"按钮，就可以激活并使用你的设备字体。

注意：下载并使用Adobe Fonts上的字体，需要创建并登录Adobe帐户。如读者在创建帐户时，"国家/地区"一栏选择的是"中国"，则无法正常使用Adobe Fonts的字体下载服务。建议国内读者在创建帐户时，"国家/地区"一栏选择"中国澳门特别行政区"或"中国香港特别行政区"。创建好帐户后，即可在Adobe Fonts中登录并激活想要下载的字体。激活的字体请登录Creative Cloud Desktop，并在"资源链接">"字体"中查看。

校正和输出篇

不管设计出多么优秀的作品，如果不能印刷出理想的效果，那一切都是白费。为此，我们需要掌握校正知识以及数据核对的要点。交付印刷的具体方法，请大家务必和印刷厂进行印前沟通。

071

你需要事先了解的"印刷流程"

在这里，我将为大家讲解多种印刷方式。自己设计的作品到底是怎么被印刷出来的呢？一起来了解一下吧。

代表性印刷方式

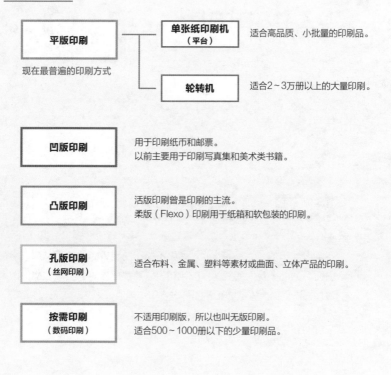

平版印刷
现在最普遍的印刷方式

单张纸印刷机
（平台）
适合高品质、小批量的印刷品。

轮转机
适合2~3万册以上的大量印刷。

凹版印刷
用于印刷纸币和邮票。
以前主要用于印刷写真集和美术类书籍。

凸版印刷
活版印刷曾是印刷的主流。
柔版（Flexo）印刷用于纸箱和软包装的印刷。

孔版印刷
（丝网印刷）
适合布料、金属、塑料等素材或曲面、立体产品的印刷。

按需印刷
（数码印刷）
不适用印刷版，所以也叫无版印刷。
适合500~1000册以下的少量印刷品。

▶ 胶版印刷是印刷的主流

现在最普遍的印刷方式是胶版印刷（也称平版印刷）。它印刷效果稳定，最近甚至可以便捷地在网上订购该项印刷服务。

凹版印刷用于印刷邮票、纸币、包装等。

凸版印刷的代表性印刷方式是活版印刷。

还有柔版印刷，用于纸箱和软包装的印刷。

孔版印刷中的丝网印刷一般用于在金属或布等素材上印刷。

按需印刷是激光打印机兴起后的产物，适合少量的印刷。

▶ 平版印刷（胶版印刷）

这种印刷方式应用了油水不相溶原理。首先，需要制作一块铝板（印版），这叫做PS版，板上分别蘸有油墨和水，油墨和水感光后制版。油墨需要转沾到橡皮滚筒上，之后再把滚筒上的油墨转印到纸面上。正因如此，胶版印刷被称为平版印刷。

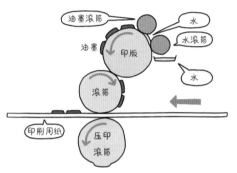

印版上不存在凹凸，是平整的，印版上有亲油性强的部位，也有亲水性强的部位，机器用亲油性强的部位（也就是图纸上需要印刷的部分）蘸取油墨，将其转印到纸上。

▶ 凹版印刷

凹版印刷的印刷方式是在印刷的基底——版上刻出凹槽，用油墨填满凹槽后，把残留在凸处的多余油墨擦掉，施加压力，把油墨转印到纸上。因此，它被称为凹版印刷。它可以根据凹槽的深浅来表达浓淡效果，呈现丰富的层次。另外，它的版的耐久度高，又可以进行高速印刷，所以也应用于包装的印刷上。

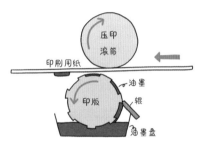

印版的画线部分是凹进去的，凹版印刷需要填充油墨，转印到纸上。

▶ 凸版印刷

凸版印刷正如印章、木版画那样，它的印刷面上有凸起的印版，用凸起的部分蘸取油墨，转印到纸上。曾经，活版印刷用金属活字排列文字，是一种主流的印刷方式。但现在一般用树脂或者橡胶制版。

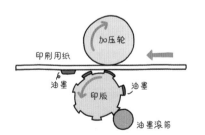

印版上，要印刷的文字或者图画部分（画线部分）是凸起的，凸起位置蘸取油墨就可以转印到纸上。

▶ 孔版印刷（丝网印刷）

孔版印刷需要制作有孔的印版，接着从上方用橡皮辊挖出油墨转印到纸张等素材上，也叫丝网印刷。它可以在金属、塑料、布等各种素材上，以及在曲面或立体物体上进行印刷。

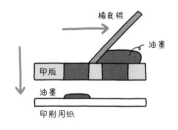

印版的画线部分有孔，油墨透过孔转印到纸张等素材上。

072

少量印刷适合"按需印刷"

按需印刷是无版印刷，即使只有1张也可以打印。而且按需印刷还有一个优点，那就是可以在印刷品上进行"可变印刷"，打印收件地址或连号。

按需印刷的特征

交货期
几个小时或当天。

画质
输出分辨率在1,200dpi左右，不容易受到纸张颜色影响。

纸张种类
有些打印机不适合使用特种纸。

可否进行可变印刷
可以。

价格
少量印刷时比胶版印刷便宜。

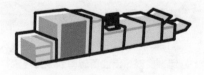

胶版印刷的特征

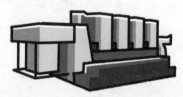

交货期
印刷方收到资料后，需花费3日~1周左右的时间。

画质
高画质（2,400dpi~），文字与线条非常精细，油墨有透明感，印刷颜色受纸张颜色影响。

纸张种类
可以使用压花纸等特种纸。
使用UV印刷可以用多种纸张印刷。

可否进行可变印刷
不可以。

价格
有可能比按需印刷便宜。

提示："按需印刷"译自英文print-on-demand，简称POD。"按需印刷"打破了以前传统专版印刷的概念，实现了小批量也可上大型印刷机的合版印刷，数码快印也是其中一种解决方式。在实际应用中，很多时候会把快印、直印和按需印刷都统称为数码印刷，方便理解和沟通，但数码印刷并不等同于按需印刷。

▶ 按需印刷可以达到少量、少时、可变

过去，大量打印印刷品后又废弃是很常见的事情，但现在使用"按需印刷"的机会越来越多了。它可以少量印刷出需要的张数，不需要库存。在上图中，我整理了按需印刷和胶版印刷的特征，并进行了比较。

按需印刷是无版印刷，所以可以进行"可变印刷"，单独在印刷品上打印收件地址等信息。它适用于印刷邀请函、订单等，所以现在普通企业也导入了按需印刷，想必今后这种印刷方式会更加贴近我们的生活。

▶ 色粉/液体型按需印刷机

根据色粉的种类不同，电子照片打印机的打印效果也会发生变化。色粉分为粉状色粉和液体色粉，其印刷效果是不同的。粉状色粉会大量覆盖在高浓度部分（阴影部分），所以比起低浓度部分来说更厚重。但是，液体色粉本身就有透明感，我们一般不会因为色彩浓淡而感觉到它的厚薄变化。制作影集类的以照片为主体的印刷品时，最好是使用液体色粉机，因为这样可以有银盐感光似的效果。

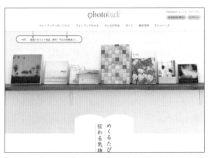

这是Photoback的影集网站。它注重写真集、毕业影集等印刷品的用纸和印刷方法，对制书有追求，商品魅力十足。
Photoback photoback.jp

Photoback影集的特征是使用了高级沉稳的"哑光纸"。印刷有CMYK的4色（青色、洋红、黄色、黑色）和LC（淡青色）、LM（淡洋红），共计6色可供选择。

▶ 大开本喷墨打印机

在印刷海报或者横幅等大尺寸印刷品时，我们通常使用大开本喷墨打印机。根据油墨不同，大开本喷墨打印机的种类也不同，每种都有其适用范围。比如说，要在室内进行短期展示，那么就用颜料类，在室外长时间展示就用溶剂类，我们要根据用途选择最适合的打印机。

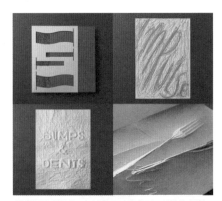

shoei株式会社（一家UV喷墨印刷公司）的网站
shoei株式会社 shoei-site.com

"PRINT TRIAL vol.1"是一本集shoei的技术为一身的样本集，目的是挑战印刷技术。它是一本使用了特殊印刷技术的平面作品集。
SHOEI STORE shoei-site.stores.jp

073

了解印刷标记"角线"的
设置方式和功能

角线是一种用来标明印刷的成品尺寸和出血区域的标志。我们先记住两种添加角线再印刷的方法吧。

添加角线进行印刷

以日本明信片尺寸（宽148mm、高100mm）创建画板，进行设计。外侧的红色参考线显示的就是出血区域。

在打印界面选择"标记和出血"，打开标记的所有项目。预览画面中会显示标记和页面信息。执行"打印"。

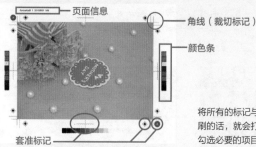

提示：在我国输出文件"标记和出血"的实际应用，"印刷标记类型"一般会选择默认的"西式"。

将所有的标记与页面信息项目都打开，再进行印刷的话，就会打印出如左图样式。我们也可以只勾选必要的项目进行打印。

▶ 将画板设置为成品尺寸，添加标记后印刷

在Illustrator中，有两种方式，都可以添加标记后印刷。上图是将画板设置为成品尺寸，打印时，在"标记和出血"中添加角线后印刷出来的。

在"印刷标记类型"中选择"日式"，四

个角落里就会出现双重角线。双重角线的内侧就是成品尺寸，外侧就是出血区域。选择"套准标记"，在多色印刷时就会出现用来校对的套准标记或者套版色标记。

▶ 在画板内手动创建标记

我们可以在画板内手动创建标记。因为标记是可以复制和编辑的，所以在需要创建折叠标记时会比较方便。想要创建标记，首先我们需要创建一个和成品尺寸相同的四边形，描边设置为"无"。接着，从"对象"菜单中执行"创建裁剪标记"命令。最好是把成品尺寸方形转换为参考线。

创建一个稍大于成品尺寸的画板，使用矩形工具绘制一个成品尺寸的矩形，将描边设置为"无"（有无填色都无所谓）。

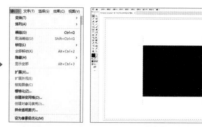

选中矩形，从"对象"菜单中执行"创建裁剪标记"命令，矩形的四周会出现角线和套准标记。

选择矩形，在"视图"菜单中选择"参考线"→"建立参考线"。

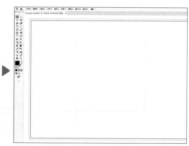

矩形已转换为参考线对象。参考线对象会显示在画面上，但不会被印刷出来。大家可以根据自己的需要，锁定参考线，或者将它改为不可见。

▶ 调整填充范围，不要让出血区域出现空白

需要精确地按成品尺寸印刷时，画面上的照片或色块不要和成品尺寸相同，我们需要将其填充至双重角线的"外角线（出血标记）"处。这样，在印刷后进行裁切时，才不会因为微小的误差，导致纸上出现空白。通常，出血区域都是"3mm"。

不能将图像或色块设置得完全和成品尺寸相同。

扩展至外侧3mm，覆盖出血区域，这样能够避免因裁切时的误差导致的纸面空白。

074

制作各种印刷品的"纸样"

制作印刷品，首先需要制作"纸样"。在制作纸样时，我们需要正确设置角线以及参考线，反映成品尺寸和出血版。

胶装册子的正文页面/封面的纸样

提示："纸样"在我国更多被称之为"输出文件"。

正文·开页的纸样

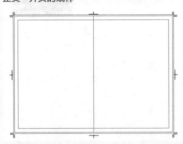

正文·单页的纸样

阅读书籍一般都是以开页为单位的，所以将纸样设计为开页，能简化工作流程。如果只需要制作单页，就可以使用上图的单页纸样。输出为PDF文件交付印刷时，需要输出所有单页，让印刷厂分面。

包含书脊的封面的纸样

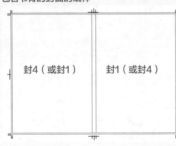

封4（或封1） 　　封1（或封4）

封面需要在1张大版面的纸的正反两面上进行封1~封4各面的排版。包含书脊的胶装书本在装订时需要对背面进行折叠加工，所以我们需要在纸样上添加角线。装订时是左侧装订还是右侧装订，会改变封1~封4的配置顺序，这点需要大家注意。

▶ "多页印刷品"的册子的纸样

在制作印刷品的纸样时，我们需要考虑到印刷后的裁切和折叠加工等事项，以保证正确地制作。上图中展示的是制作胶装册子时所必备的纸样。

至于正文页面，我们可以运用InDesign在开页页面创建格式。需要制作册子中的单页时，就使用单页的格式。封面是一张能够包裹住书籍的大纸张，所以我们选择用Illustrator制作。我们需要正确计算出书脊尺寸（书的厚度），并将其反映在封面上。要是不能确定书脊的尺寸，就提前和印刷厂确认一下吧。

▶ 用角线标注出需要折叠加工的地方

　　右图是一张需要折叠加工的散页印刷品纸样。需要折叠的地方，要在外侧加好"折叠标记"，标注是正折（对折后横切面成山峰状）还是反折（对折后横切面成深谷状）。"Z形折叠"或"蛇形折叠"都是正反交替反复折叠的意思。

　　想要手动生成角线时，线条颜色不应设置为黑色，而是应该使用色盘中既有的"套版色"。这个颜色是一种特殊的颜色，CMYK和专色都可以将它印刷出来。

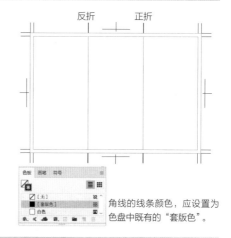

角线的线条颜色，应设置为色盘中既有的"套版色"。

▶ 包装盒的纸样

　　设计盒子等产品的包装时，需要设计展开图。展开图构造较为复杂，所以需要预先考虑到模切时需要预留的间隙和纸张厚度，之后才能确定折痕的位置，需要专业知识。所以大多数情况下，会用CAD生成Illustrator形式的文件，交付给印刷负责人。如果是自己制作纸样的话，则需要进行实际组装，不断地试错。另外，胶粘部位需要留白（不填充任何颜色）。

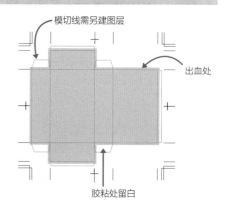

模切线需另建图层

出血处

胶粘处留白

▶ CD/DVD碟片的纸样

　　CD/DVD碟片是金属表面，不需要设计出血。不用设置四周的角线，而是需要设计成如图样式。碟片中央有一处圆孔，我们需要将纸样设计成同心圆样式。印刷有效范围如右图所示，应事先与印刷厂进行确认。

　　碟片印刷通常有两种印刷方式。一种是运用专色2～3进行丝网印刷，另一种是先印一层白色作为底色，然后再在上面叠加CMYK4色进行平版印刷。

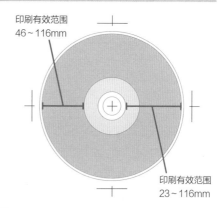

印刷有效范围
46～116mm

印刷有效范围
23～116mm

▶ 075

记住"多页印刷品"的规格和术语

在设计册子的版面时，我们需要顾及装订样式，来设置留白（边距）。我们在留白中添加页码和页脚标题，还要确保它们不会被遮挡住。

多页印刷品的版面构成要素

翻口的边距（翻口间隙）

订口的边距（订口间隙）
除骑马订之外，这个间隙都需要设置得宽一些。

今年こそ雄大な風景を見に行こう!
なまらあずましい
夏の北海道

果てしなく青い空
どこまでも続く真っすぐな道
日本とは思えない景色に出会える
それが北海道
今年の夏こそ出かけて見ませんか

38 ★ Good Life Magazine ★ June 2022

Good Life Magazine ★ June 2022 ★ 39

用骑马订装订且页数较多时，会在中心页附近进行内侧裁切。

38 ★ Good Life Magazine ★ June 2022
页码　　　**页脚标题**

印刷面
多页印刷品的这个版面基本上是全页共通的。

▶ 设计多页印刷品时，需要顾及装订样式来设置留白

　　书、册子之类的"多页印刷品"有着和"单页印刷品"不同的、特有的设计规则。我们需要留意的第一点，就是留白（边距）的设计。多页印刷品会根据装订样式来调整留白。铣背胶装（※注：铣背胶装，是把订口处的纸张打磨出凹型开口，便于胶水渗透的装订方式。）或平装都不容易看见订口，所以需要把留白设置得宽一些。骑马订易于翻看，但是经过装订裁切，页面中央部分的左右两侧会稍微变窄。所以我们可以实际制作一个印刷样例，事先确认页面的易翻看程度以及裁切后尺寸会短多少。

▶ 文字的排列方向和装订方向

正文是竖排还是横排，是决定装订方向的重要因素。竖排文字需要装订封面的右侧，做成右开本，横排文字需要装订左侧，做成左开本。在设计杂志时，根据页面不同，可能会出现竖排和横排混杂的情况，我们要从正文是竖排还是横排来判断。

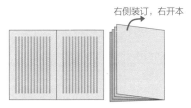

右侧装订，右开本

正文是竖排，就装订封面的右侧。

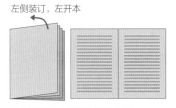

左侧装订，左开本

正文是横排，就装订封面的左侧。

▶ 在留白区域设置页码

我们可以使用应用程序的自动生成页码功能设置页码。使用In-Design，在主页的留白区域创建文本框架，从"文字"菜单中选择"插入特殊字符"→"标志符"→"当前页码"。想要设置页码，需要选中相应页面的"版面"面板，从"版面"菜单中选择"页码和章节选项"，在"开始新章节"中输入页码。

在InDesign的主页上设置页码，就会显示出如图界面。在文档页面会显示数字。

在"新建章节"界面勾选"开始新章节"，在框内输入起始页码。

● 什么是书籍的"附属印刷品"？

除了正文，书籍还有各种各样的小页面，我们把它们称作"附属印刷品"。放在正文之前的叫做"前附"如扉页、目录、序文等，放在正文之后的叫做"后附"，如索引、后记、版权页等。另外，书籍附赠的明信片或小册子也都叫做"附属印刷品"。

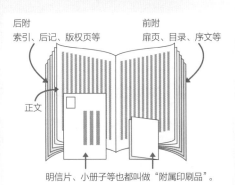

后附
索引、后记、版权页等

前附
扉页、目录、序文等

正文

明信片、小册子等也都叫做"附属印刷品"。

076

通过制作"印刷指导书"
来思考多页印刷品的结构

"印刷指导书"是一种表格,在制作多页印刷品时,它可以显示哪种内容放在哪里,有几页等等,还可以让印刷时的折叠页和颜色数量一目了然。

表格形式的印刷指导书

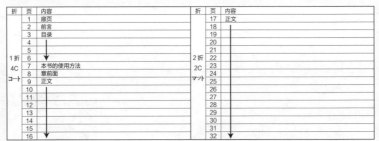

折	页	内容		折	页	内容
	1	扉页			17	正文
	2	前言			18	
	3	目录			19	
	4				20	
	5				21	
1折	6			2折	22	
4C	7	本书的使用方法		2C	23	
コート	8	章前面		マット	24	
	9	正文			25	
	10				26	
	11				27	
	12				28	
	13				29	
	14				30	
	15				31	
	16				32	

用Excel等制表软件,高效制作表格形式的印刷指导书。

缩略图形式的印刷指导书

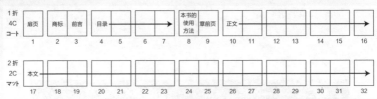

1折 4C コート	扉页	商标	前言	目录				本书的使用方法	章前页	正文						
	1	2	3	4	5	6	7	8	9	10	11	12	13	14	15	16

2折 2C マット	本文															
	17	18	19	20	21	22	23	24	25	26	27	28	29	30	31	32

缩略图形式的印刷指导书可以很清楚地显示出左右开页的关系。

▶ 用印刷指导书构思版面内容,指定折页

使用胶版印刷制作多页印刷品时,印刷指导书是不可或缺的。胶版印刷使用大尺寸的纸张,对纸的正反面分页并进行印刷,所以在印刷指导书上需要明确标记折页数。

编辑会一边用印刷指导书计算印刷时需要的折页数,一边构思版面结构。如同上图所示,印刷指导书分为表格形式和缩略图形式。缩略图形式方便我们把握页面的左右开页,如果想要在纸面上绘制简单的草图,也是很方便的。

▶ 折页是折叠纸张后按页码顺序排好的印刷品

胶版印刷使用大尺寸纸张，分好页面后进行印刷。印刷后，折叠纸张，每折一次就会变成4页、8页、16页…分页需要在折叠之后，按页码顺序排好（如下图）。归拢折页，用胶或者骑马钉装订订口部分，就能制成一本书。

如果页数不是8或者16的倍数，我们就需要一页一页将纸张插进去，但这样做就会导致印刷成本升高。要记得把成本控制在最小的额度内。

正面			
上	上	上	上
1	16	13	4
下	下	下	下
下	下	下	下
8	9	12	5
上	上	上	上

反面			
上	上	上	上
3	14	15	2
下	下	下	下
下	下	下	下
6	11	10	7
上	上	上	上

胶版印刷需要对纸张正反面进行分页印刷。上图图例是右侧装订的16页印刷品。

折叠纸张，叫做"折页"。

把折页归拢制成书。

▶ 如何折叠折页

无线胶装和骑马订都属于装订样式，折页需要把页面合起来再重叠。

无线胶装一般运用在书籍、文库、新书等的印刷上。需要在进行折叠加工以后，合上折页，固定书脊部分。

骑马订多用于时尚杂志的印刷，就是在订口处用骑马钉固定。需要把折页打开进行重叠，在装订后，折页会分为前半部分和后半部分。在制作印刷指导书时，记得留意装订形式。

无线胶装、平装铁丝订的折页的重叠方法

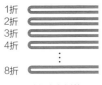

1折
2折
3折
4折
⋮
8折

※图中范例为左侧装订

骑马订的折页的重叠方法

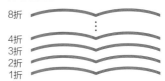

8折
⋮
4折
3折
2折
1折

▶ 封面要和正文分开制作

封面需要改变纸张，所以要和正文分开制作。通常，封面会使用比正文页面厚的纸张，而且会在印刷面覆膜，或者进行上光，防刮防污。

封面有封1~封4，共4页。要是书籍有厚度，还会有"书脊"部分。

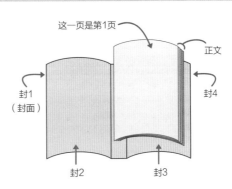

这一页是第1页

正文

封1（封面）

封2

封3

封4

▶ 077

印刷所用的数据需要用"CMYK颜色"进行网点输出

用高倍放大镜观看印刷品，就可以看到CMYK中掺杂的细微小颗粒。这个小颗粒叫做"网点"，是印刷表现的基本原理。

CMYK颜色的混色原理

青色版

洋红版

黄色版

黑色版

放大之后我们可以看到，CMYK颜色的印刷品是由4色的油墨网点组成的。

▶ 印刷品是由CMYK颜色的网点进行混色之后表现色彩的

普通的全彩印刷品，是借由被称作四色油墨的青色（C）、洋红（M）、黄色（Y）、黑色（K）这4种颜色的油墨叠加混合来表现所有的色彩的。但是，我们在显示屏上直接看到的颜色是由红色（R）、绿色（G）、蓝色（B）的光线混色而成。两种混色的原理是不同的。所以，把显示屏上的颜色直接彩印下来，颜色就会稍有变化。

另外，显示屏上的图像是由像素构成的，但是印刷品是由细微的网点（Dot）构成的。

▶ CMYK油墨的混色原理

RGB颜色叫做"色光三原色"，CMY颜色叫做"颜料三原色"。本来，将CMY这三种颜色叠加就会形成黑色，但实际上这并不是纯黑。所以才需要添加印刷用的黑色（K），用CMYK颜色进行印刷。

油墨的颜色需要由RGB颜色的光反射进入人眼。比如说，青色油墨会被红色（R）吸收，蓝色（B）和绿色（G）会反射到人眼中，让我们识别出青色。

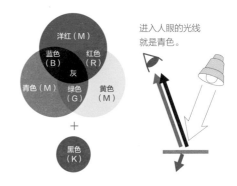

进入人眼的光线就是青色。

▶ 网点的种类

在彩色印刷中，我们需要生成CMYK颜色的细微网点，叠加网点进行混色。网点中最普通的一种，就是"AM网点"形状，这种网点是由圆点规则排列组成的。

近年来，市面上研发出了一种叫"FM网点"的新型网点，它可以随机生成细微的点状图案，我们使用它的机会也越来越多。使用这种网点有一个好处，那就是不容易产生干扰网点排列的干扰纹。

AM网点

FM网点

▶ 网点的角度和干扰纹

印刷的网点，是由具有一定规则的图案排列而成的。有时，会因为印刷数据，导致网点相互干扰，产生干扰纹。

扫描印刷品形成的图像、衣服的细小纹样等，都比较容易产生干扰纹。虽说印刷厂都会调整网点角度，避免干扰纹，但还是有小概率会产生干扰纹。

干扰纹现象在实际操作时，是不会显示在屏幕上的。要想确认，需要委托印刷厂，进行试印（输出校正纸）。

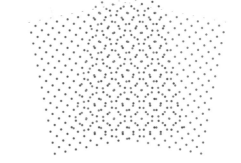

重叠CMYK的网点时，就会形成图案，这就是导致干扰纹的原因。

078

什么时候需要用到"专色油墨"？

专色油墨是指，除了印刷色之外的非常规颜色的油墨。要表现CMYK中没有的金、银、荧光等鲜明的颜色或者要进行1~2色印刷时，都会用到它。

印刷色和专色印刷的区别

印刷色的4色印刷

C版

M版

Y版

K版

专色的2色印刷

专色1

专色2

▶ 使用专色油墨，让印刷品更加鲜艳

普通的彩色印刷，都是使用4色，也就是CMYK的印刷色油墨进行印刷的，但是有的颜色是这4色油墨叠加不出来的。这种时候，就要使用"专色"了。专色油墨和印刷色油墨不同，它一开始就被调配好了。像是美术类书籍需要表现更深邃的颜色，或者杂志封面需要用颜色吸引读者的眼球时，有时不仅会用印刷色油墨，还会使用专色油墨。

另外，有时也会在名片、信封、传单等印刷品上，使用1~2色的专色。

Chapter 3 校正和输出篇

170

▶ 如何选择专色

提示：Pantone是我国使用最普遍的专色色彩系统。

根据厂家不同，专色油墨也有各式各样的颜色，每个厂家都会销售自己的色样。最具代表性的，莫过于日本DIC株式会社的"DIC色彩指南"系列和PANTONE公司的"配色方案"了。

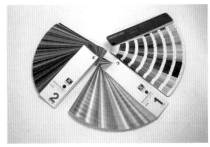

我们可以从这些色样中选择颜色，在应用程序中设置并使用。在屏幕上看到的专色大多和实际的颜色不一样，所以请大家务必在色样上进行确认。另外，我们也可以把色卡交给印刷厂，用于指定具体颜色。

在日本，"DIC色彩指南"是最常被使用的专色色彩系统。

▶ 使用应用程序设置专色

要想在Illustrator中设置专色，需要调出专色的颜色面板进行设置。在InDesign中，可以在"新建色板"界面里的色彩模式中，显示专色的色彩系统。

使用Illustrator

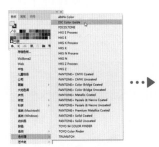

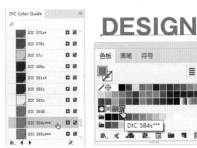

从色板中打开"色板库"菜单，在"色标簿"中选择专色的色彩系统。

选择"DIC Color Guide"打开面板，给文本设置专色的颜色。

使用InDesign

在"新建颜色色板"界面的"颜色模式"中选择专色的色彩系统。

打开"DIC Color Guide"，点击"确定"或者"添加"，色板中就会出现专色了。

079

根据效果区别使用"挖空"和"叠印"

印刷中有几种独特的技法。在这里，我将为大家介绍"挖空"和"叠印"的原理和用法。大家可以根据自身需求，选择其中一种进行使用。

印刷品的挖空和叠印

把K100%印刷为"挖空"

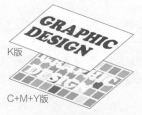

K版

C+M+Y版

背景色板（上图中为C+M+Y版）上，文字的形状被挖空，在上面印刷墨字。

有时如果印版稍微没有对齐，就会看到底色……

把K100%印刷为"叠印"

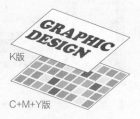

K版

C+M+Y版

不对背景色板进行任何操作，叠印上墨字。

油墨具有渗透性，所以背景会渗出来。

▶ 根据印刷目的，区别使用挖空和叠印

文字等要素的K100%被称为"单色黑"，常见于各类印刷品。此时，要是背景中有其他颜色，在底色上重叠印刷，就叫做"叠印"，消除重叠部分的底色就叫做"挖空"。背景有颜色时，印刷墨字必须考虑到印版会错位，所以大多使用叠印，要是不想让底色透出来，影响整体效果，那么就会设置挖空。

一旦没有设置好挖空和叠印，那么难免会发生印刷事故，要是有意想要印成叠印效果，以防万一，记得提前将意图告知印刷厂。

▶ 想使用叠印时

一般来说，要是单色黑的背面有其他颜色，那么就会进行叠印处理。印刷色油墨为了表现其他的颜色，本来就可以叠加，所以油墨的透明性好，但是黑色（K）油墨明度低，所以就算底色透出来，也没有太大影响。但是，要是单色黑的面积大，那么底色对它的影响就会很明显，这点需要大家注意。

私たちの住む地球は太陽系にあります。この太陽系は銀河系（天の川銀河）の端にあります。銀河系には約 2000 億から 4000 億個の恒星があり、私たちの目には夜空を流れる大河のように見えることから「天の川」と呼ばれています。

叠印

想要在黄色上配置墨字，最合适的就是叠印文字（如右上图）。要是进行挖空，就算印版只偏移了一点点，底色也会透出来（如右下图）。

挖空时印版出现偏移

▶ 想使用挖空时

要是单色黑的面积过大，那么有时就会透出背面的颜色。此时将印刷方式改为挖空就好。但是，有时印刷厂的机器设置不同，有可能会自动设置为单色黑叠印。为防止此现象，最好是添加1%的单色黑以外的颜色。印刷效果和K100%基本没有变化，而且，还可以防止输出设备进行自动叠印。

挖空

要大范围添加墨字，但是背景上有其他颜色时，最好使用挖空印刷（如左上图、右上图）。要是使用叠印，就会如右下图所示，透出底色，成品效果会受到干扰。

叠印

▶ 应用程序操作

想要在应用程序中切换叠印和挖空，在Illustrator中需要打开"特性"面板，在InDesign中需要打开"窗口"面板进行操作。另外，在"视图"菜单中选择"叠印预览"，就能在屏幕上确认成品效果。

图中是Illustrator的"特性"面板。选中对象，关闭"叠印填充"后，就可以生成挖空效果。预设中是关闭状态。

选中对象，勾选"叠印填充"后，就可以生成叠印效果。从视图菜单中选择"叠印预览"，就可以在屏幕上确认印刷效果。

080

为黑色增添深度的"多色黑"

"多色黑"是印刷中的一种独特表现手法。它是指在K（黑色）油墨中叠加CMY印刷色，制造出深度的黑色。

用多色黑表现深邃的颜色

普通的黑色是
K=100%。

多色黑就是添加
其他的油墨，制造更
加深邃的黑色。

提示：增添多色黑有可能增加四色对版的难度，从而令印刷品产生对版错位的重影，制作输出文件前需要与印刷厂充分沟通。

▶ 想要为黑色增添深度，就使用"多色黑"

通常印刷中使用的油墨，都是活用渗透性，叠加调配出各种颜色的。黑色（墨色）的油墨也具有渗透性，因此，"单色黑"也不是纯黑。为了让黑色更加接近于纯黑，我们需要使用"多色黑"这个方法。

多色黑是在K（黑色）油墨中适量添加CMY油墨，以达到增添深度的效果。这种方法多用于想要让黑色更加醒目的时候，比如要印刷海报的宣传语或者单行本的标题文字时。另外，在照片上印刷黑色文字时，这种方法也十分有效。

▶ 多色黑的注意事项

在往黑色油墨里添加其他油墨时，需要注意油墨的混合总量。要是总量过高，那么就会导致颜色不均匀，或者因为需要长时间晾干，导致字迹印到前一页的背面等问题。一般来说，总量的上限是300%。这一点需要事先和印刷厂确认。

设置多色黑的CMYK总量时，不要超过300%，这是基本原则。

▶ 多色黑样例

在设置多色黑时，如何添加其他颜色，需要根据设计目的和对象来定。可以只添加青色，也可以均等地添加CMY，方案有很多。添加什么颜色、添加多少，这些都会或多或少地影响黑色的色彩表现。

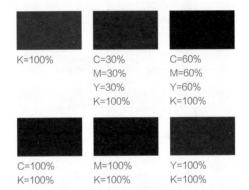

K=100%

C=30%
M=30%
Y=30%
K=100%

C=60%
M=60%
Y=60%
K=100%

C=100%
K=100%

M=100%
K=100%

Y=100%
K=100%

▶ 照片的黑色是CMY混合而成的

照片数据中的黑色部分，是CMYK的颜色混合而成的，这样可以表现深邃的黑色。如果要在照片上添加黑色的文字，或者要在照片周围配置对象，最好将印刷色设置为多色黑，这样能保持照片的平衡。

在Photoshop中，我们可以在屏幕上辨别K100%和多色黑的区别。

在Illustrator中，需要在"首选项"的"黑色外观"中切换设置，这样就可以在屏幕上辨别K100%和多色黑的区别了。

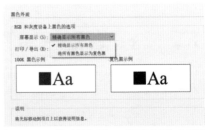

在Photoshop中比较一下多色黑（背景色）和K100%（前景色），在屏幕上也可以看出两者的区别。

在Illustrator的"首选项"→"黑色外观"中选择"精确显示所有黑色"，就可以识别多色黑了。

081

"红字校对"的操作方法和书写方法

我们需要确保产品完成之后没有错字或者漏字，所以需要在印刷前进行仔细校对。指出需要订正的地方，要使用专门的记号，先来记住它们吧。

校对工作的流程

初校

设计师完成的最初的设计，叫做"初校"。

设计师

红字校对

需要再校

委托人

背景需调亮

客户用红字标明。如果标明"需要再校"，那就要再一次提交校对稿。

再校

按客户红字要求进行修改。

设计师

校对完毕

校对完毕

检查修改处。如果不需要再次修改，就"校对完毕"了。

委托人

▶ 要一直校对到不需要再订正为止

校对，是指对比产品和原稿，订正错字、漏字、用语的统一、格式、内容等方面的错误。在出错的地方用鲜艳的红字标记，就被称为"红字"或者"红字标记"等。

校对是在排版之后，印刷之前进行的。

专门打印出来供校对使用的，叫做"样稿（校对稿）"，需要对样稿进行校对，修正错误。第一次校对叫做"初校"，第二次叫"再校（二校）"，第三次叫"三校"……最后，不需要再次校对，就叫做"校对完毕"。

▶ 校对记号

文字的订正或指示内容都需要靠校对记号来传达。JIS已经将校对记号规格化了（JIS Z 8208：2007）。在这里，我会向大家介绍一些具有代表性的校对记号和使用范例。

更换文字或记号　　　　　　改为小写假名

改为显示直音的假名

删除文字或记号，连接两头的文字

删除文字或记号，把空间空出来

插入文字或记号　　　　调换文字顺序　　　　更改换行位置　　　　取消换行，接着使用当前行

▶ 校对记号的使用范例

校对记号的使用范例如下图所示。收到标有红字的样稿后，设计师或者编辑需要按照红字的指示来修改稿件。修改完毕后，需要对照标有红字的样稿和修改后的样稿，确认有无缺漏（"对照校对"）。可以用记号笔标注修改了的地方，检查有无缺漏。

要是文章很长，行数有可能会因为修改而变化。要是溢出，可能就会超出本来计算好的行数或者尺寸。这需要我们在最终阶段检查整体的格式，要是有不完备的地方，就要和著者或者编辑商议，进行细节修正。

校对的书写范例　　　　　　　　　修改后

提示：在我国，校对也应按照相关部门颁布的规范（《中华人民共和国国家标准校对符号及其用法》GB/T 14706-93）进行。

082

确认设计和格式是否有误

处理多页印刷品，我们需要检查整本书，看看是否有误。还需要翻阅装订前的样稿，检查它和其他页面协不协调。

检查排版格式

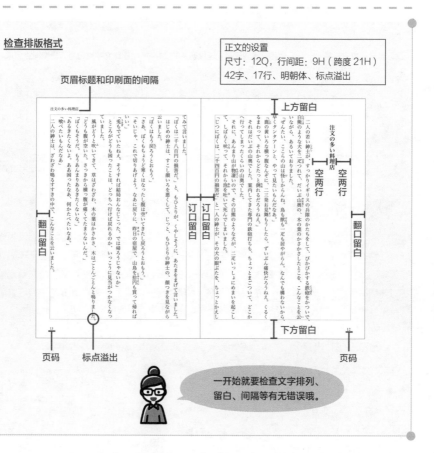

一开始就要检查文字排列、留白、间隔等有无错误哦。

▶ 检查整体的排版格式、页码、页眉标题

处理多页印刷品，需要检查整本书的页面协不协调。

首先，我们要检查留白（边距）和正文区域（印刷面）的尺寸是否正确，页码和页眉标题是否在指定的位置。要检查页面的编号（页码）和页眉标题的文本是否正确。

要是需要处理一整本书，那么就要检查目录和正文的书写是否一致，索引的页码是否正确。我们可以把校对稿折成册子的形状，快速翻阅页面来检查。

▶ 检查正文文本的排版格式

检查标题、正文、说明文稿等文本的字体设置、尺寸是否正确。要是发现错误，就写上订正意见。

段落的最后一行只有一个字这种情况，

按理说并无大碍，但要是不喜欢这种排版，可以把这个字挤到前一行，或者从前一行再分一个字出来。

字体、文字大小

> 李白（701 年－762 年）
> 字太白，号青莲居士，又号"谪仙
> 与杜甫并称为"李杜"，为了与<del>
> 白又合称"大李杜"。 据《新唐

> **李白**（701 年－762 年）
> 字太白，号青莲居士，又号"谪仙
> 与杜甫并称为"李杜"，为了与<del>
> 白又合称"大李杜"。 据《新唐

更改字体的校对记号有很多，要是想用Gothic体，那就写上"Goth"；要是想改为明朝体，就写上"○明"（知道字体名称，要正确地写出来）。

段落最后一行多出1个字

> 唐代伟大被后人誉为"诗仙"，
> 杜牧即"小李杜"区别，杜甫与
> 兴圣皇帝（凉武昭王李暠）九世
> 友。⊣

> 唐代伟大被后人誉为"诗仙"，
> 杜牧即"小李杜"区别，杜甫与
> 兴圣皇帝（凉武昭王李暠）九世
> 交友。

为了避免最后一行多出1个字，可以调整前一行的文字间隔，或者改变文本的字数等。

▶ 检查插图和说明文稿的对齐和间隔

检查照片等插图是否和说明文稿对齐，以及它们的空隙量（间隔）是否正确。举例来说，如果设置插图和说明文稿是左对齐、间隔2mm，那么整册书都要遵循这个规则。

调节对齐和间隔时，可用排版软件创建参考线，设置坐标值，使用对齐面板等。

插图和说明文稿没有左对齐，而且插图和文稿的间隔也太宽。

用对齐面板调整为"水平左对齐"。

设置间隔，需要"分布间距"的输入框中输入"2mm"，执行"垂直分布间距"命令。

083

"色彩校正"的种类和注意事项

在正式印刷前，我们需要确认成品效果，这叫做"色彩校正"。简易的色彩校正有时也会使用一种叫做"DDCP"（直接数字彩色校样）的输出方式。

色彩校正范例

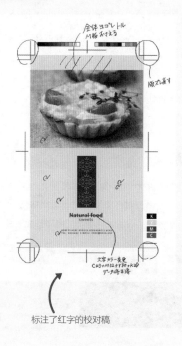

标注了红字的校对稿

修改后

▶ 色彩校正是确认彩色印刷品成品效果的最终工程

色彩校正是在印刷（实际印刷）前进行的，需要通过试印刷确认印刷品的成品效果，也叫做"色校"。

设计师需要通过色校，查看图像有无缺损，排版时设置的颜色或效果是否被很好地展现，实际的印刷油墨显色效果如何等。

需要修改时，可以修改原数据，印刷时可以调整油墨。色彩校正的目的是检查色彩效果。最好在之前就调整好排版和文本，在色校阶段只进行最终的色彩确认。

▶ 委托印刷厂输出色彩校正

胶版印刷有以下几种色彩校正输出方法。"机器打样"是用选好的纸张和油墨，在实际的机器上进行试印刷。虽然价格较贵，但是可以得到贴近于最终效果的样稿。"喷墨打样"适用于页数较多的印刷品。

	品质	速度
机器打样	◎价格贵但是可以得到和正式印刷时相同的样品	△通常需要1天~数天
喷墨打样（DDCP）	○可以使用铜版纸、哑粉纸等专用纸张	△
打印机打样	○使用电子照片形式的激光打印机进行输出，分辨率为1200dpi~	◎

▶ 色校时的注意事项

色校也算是大量印刷前的最终确认，所以务必要仔细。右边列出的是一些注意事项。因交货期或成本等问题，大部分色校都只有1、2次，但在处理以色彩为卖点的广告或商品目录等产品时，需要多次色校，直到输出满意的颜色。

注意事项

☑ **角线**　成品尺寸正确吗？
多色印刷时，各版面的位置有没有错位（印版错位）？
折叠角线的位置正确吗？
分页正确吗等

☑ **颜色**　CMY的均衡以及特定的颜色正常吗等

☑ **干扰纹**　有因网点重叠造成的干扰纹吗？

☑ **其他**　有无乱码或图像不清晰现象？

▶ 色彩校正的实际范例

我们需要在校正稿上用红笔简明地标记需要修改的地方，这点和之前阶段的校正是相同的。也有"去渍"和"印版错位"专用记号。

大部分修改都只需要对数据进行修正，修改后，需要在色校上标明"已修改数据"。要是不知道该如何修改或指示，最好是和印刷厂商量，告诉他们你想要达到什么样的效果。

去渍

印版错位，需修改

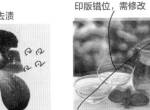

去除污渍、灰尘

修正印版错位现象

强调反差

强调黄色

强调照片的明暗对比

强调特定的颜色

084

使用"PDF"轻松确认和校正设计

PDF格式在不同的系统或字体环境中都可以打开，所以它作为一种数据资料，非常适合用来确认和校正设计。

用PDF检查确认设计的优点

可以把PDF文件添加到邮件里，或者上传至服务器中进行交付。

设计师输出PDF文件，交给客户。

设计师

客户在PDF上加上注释（红字），再将其返回到设计师手中。

委托人

"PDF校正"的优点有……
- 交付方便
- 数据体积不大
- 可以添加注释
- 不受系统影响
- 没有应用程序和字体也能正确显示

▶ 没有软件和字体，也能确认设计稿

设计完成之后，为确认设计方案是否可行，我们将文件交付给委托人。这时，如果我们发送Illustrator或者InDesign的数据文件，而对方没有安装同样的软件，就不能成功打开，也就不能进行确认和校正了。要想

委托方不受电脑环境干扰，顺利地确认和校正，那就把文件以PDF格式传给对方吧。

PDF文件不受系统、软件、字体的影响，打开、打印时不会破坏原有的排版格式。另外，文件体积也不大。

▶ 为PDF文件添加注释

PDF是可以添加注释的，客户可以直接在PDF文件上修改、校正设计稿，之后再返给设计师，这简化了校正的流程。

Adobe Acrobat Reader可以使用注释工具，为PDF添加注释。另外还有一种普遍的方式，那就是把PDF文件打印出来，手写红字标注，再将稿件扫描后返给设计师。

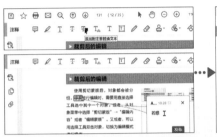

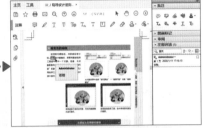

在Adobe Acrobat Reader中选择"注释"工具，点击"添加附注至替换文本"按钮，选中想要修改的文本，就可以在文字框中输入文本了。

PDF文件中，我们可以在一览表中查看各个注释。设计师可以一边查看注释，一边修正数据。

▶ 选择预设，输出为PDF

想要把文件输出为PDF格式，在Illustrator中需要选择"存储副本"，在文件格式一栏中选择"Adobe PDF"保存。在InDesign中，需要从文件菜单中选择"导出"，选择"Adobe PDF（打印）"格式。

在"导出Adobe PDF"界面中，可以选择各种样式的PDF预设。根据预设的种类不同，数据容量和色彩模式也不同，所以需要我们选择合适的预设进行导出。每个预设的特征可参考下面的表格。

InDesign CC 2019的Adobe PDF预设选择画面

种类	特征
PDF/X-1a:2001（日本）	可以创建出适合印刷品使用的PDF，是印刷使用的标准PDF格式。自动嵌入字体，图像分辨率不变，色彩为CMYK颜色（和专色），色彩环境是Japan Color 2001 Coated
PDF/X-3:2002（日本）	可以创建出适合印刷品使用的PDF。它与PDF/X-1a的不同点是，它可以使用CMYK和专色，以及不依赖色彩管理和设备的颜色
PDF/X-4:2007（日本）	可以创建出支持透明效果的PDF
印刷质量	可以创建出用于印刷的高画质PDF文档。但是不是PDF/X规则。可嵌入字体
最小文件大小	可以创建出在Web上显示的，适用于邮件的PDF文档。不会嵌入字体，色彩环境是sRGB
高质量打印	可以创建出最适合打印机打印的PDF。比"标准"的分辨率更高。可嵌入字体，无色彩环境更改
MAGAZINE Ad	可以创建适合杂志广告的数码稿PDF。使用杂志广告标准的JMPA颜色规则

085

Photoshop成品文件的注意事项

用于印刷的图像，通常需要300ppi～350ppi的分辨率。要是分辨率不够，那么像素的锯齿就会很显眼，导致画面显示很粗糙。

设置图像分辨率时要配合输出设备

实际尺寸的350ppi的图像，就连细节也显示得很清楚。

实际尺寸的72ppi的图像，像素很显眼，给人一种粗制滥造的印象。

▶ 以排版时的尺寸为基准，图像分辨率需要设置在300～350ppi

图像分辨率是用来表达数码图像的精细程度，单位是PPI（Pixel Per Inch），也就是一英寸中排列着多少个像素。数值越大，图像越精细，表现越丰富。但是，这会使得文件体积变大。

普通印刷时，会将分辨率设置为300～350ppi，具体数值需要根据印刷设备来定。要是分辨率不够，那么图像就会给人一种粗制滥造的印象。图像分辨率必须要以实际尺寸设置，不要在排版软件中进行放大。

▶ 计算文档尺寸时需要加上出血区域

在Photoshop中新建包含出血的图像时，需要加上出血区域（3mm）。

比如说，要全程使用Photoshop制作明信片，新建文档时，成品尺寸需要包含上下左右的3mm的出血区域。可以在工作区域拉出参考线，这样可以使成品尺寸一目了然。

在Photoshop的"新建文档"界面中输入"宽度"和"高度"时，数值要包含出血区域的宽和高（如左图）。在工作界面中拉出参考线，让成品尺寸清晰明了地显示出来吧（如右图）。

▶ 设置分辨率时需要配合印刷线数

印刷中的"线数"，是指网点的精细程度。日本的商业印刷品的标准是175线。但是像报纸一类的粗糙纸张会使精细的网点渗开，无法维持形状，所以设置为低线数就可以了。另外，丝网印刷也不能表现细致的网点，所以也设置为低线数就好。

合适的印刷分辨率是根据印刷线数来定的。要是不清楚印刷品的线数或正确的分辨率，请咨询印刷厂。一般来说，图像分辨率都设置为印刷线数的2倍，这样可以得到良好的效果。

印刷线数体现的是网点的精细程度，单位是线（LPI/Line Per Inch）。

在Photoshop的"图像大小"中设置合适的图像分辨率。要印刷175线时，需要设置为350ppi。

提示：我国印刷"线数"并不像日本具有普遍的商业印刷标准，而是根据印刷纸张质量和成品要求调整线数。例如，大面积的印刷品或新闻纸会使用10-120线，普通四色印刷品使用150线，某些高质量的特种纸印刷使用250-300线。

▶ 确认色彩模式

交付印刷时，最常见的是全彩图像的色彩模式为CMYK，灰度图像为单色的黑白模式。位图虽然是黑白2色的图像，但是可以在应用程序中对它进行色彩设置，所以有时也会把扫描好的Logo粘贴进去，之后再交付印刷。

现在有很多时候，我们也会将RGB颜色文件交付印刷。要是用PDF/X-4格式进行印刷，那么在交付印刷时可以使用RGB颜色，输出时可以转换为CMYK颜色。另外，要是最终输出时使用的是显色效果好的彩色打印机，那么有时也会使用RGB颜色直接交付印刷。

可以在"图像"菜单中的"模式"中更改图像的色彩模式。

086

Illustrator成品文件的注意事项

在此，我总结了Illustrator的成品文件交付印刷时的注意事项，重点放在了新手容易犯的错误上。

删除多余的路径

显示"预览"

显示"轮廓"

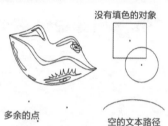

没有填色的对象

多余的点

空的文本路径

画面上只看得到嘴唇的插画。但是，从视图菜单中选择"路径"，就会剩下多余的路径和锚点。而且还有空的文本点，里面含有字体信息。多余的点或者路径会导致输出错误，因此我们要把它们都删除掉。

从"对象"菜单中选择"路径"→"清理"，打开界面，勾选所有选项，点击"确定"后，就可以删除多余的点和路径了。

▶ 删除看不见的多余的点和路径

就算在画面上什么都看不见，但是在"视图"菜单上选择"路径"，有时就能够显示多余的点和路径。比如说，使用文字工具点击画面，即使不在点击处输入文本，也会显示"×"符号，残留文本信息。并且，就算对象的填色和描边颜色都是"无"，虽然在画面上看不出来，但是这些路径都是残留在画面上的。

多余的点和路径会导致输出错误，所以我们要执行"清理"命令删除它们。

▶ 注意直线的颜色是否被设置为了填色

要是给直线对象设置填充颜色，那么画面上就会显示出一条极细的线，并且会被打印出来（具体要根据设备环境和Illustrator的版本来定）。要给直线设置颜色，一定要设置线条的颜色，将填色设置为"无"。

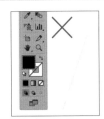

▶ 注意使用印刷色的印刷品中有没有掺杂专色

千万不能给使用CMYK油墨的印刷品设置专色。要想在文档中确认是否使用了专色，需

要在"色板"或者"分色预览"面板中查看。可在"色板选项"中将专色替换为印刷色。

在"色板"中检查是否使用了专色。

可以在"分色预览"中，确认文档中使用的专色。

要在"色板选项"中，将专色替换为"印刷色"、"CMYK"模式。

▶ 不能将白色对象设置为叠印

就像镂空文字那样，要是把白色对象设置为叠印，那么在印刷时就打印不出来了。

这个错误会导致严重的问题发生，请大家务必注意。

将墨字设置为叠印。

要是把文字改为白色，就显示不出来了。

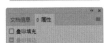

关闭叠印选项，设置为挖空，白色的文字就显示出来了。

要是把白色对象设置为叠印，就会弹出警告。

最保险的做法是，在"文档设置"界面中，勾选"放弃输出中的白色叠印"。

▶ 087

运用InDesign的印前检查功能检查数据

InDesign含有印前检查功能，要是数据出错，就会弹出错误信息。重点是在设置数据时要避免出错。

印前检查的错误信息

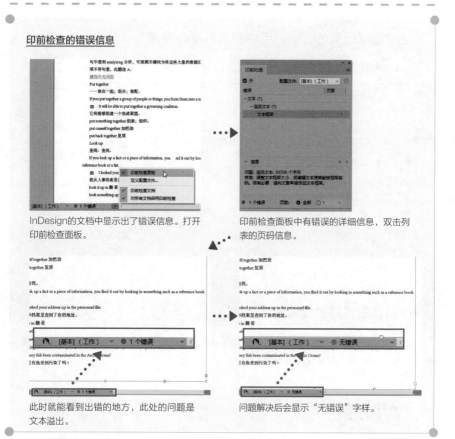

InDesign的文档中显示出了错误信息。打开印前检查面板。

印前检查面板中有错误的详细信息，双击列表的页码信息。

此时就能看到出错的地方，此处的问题是文本溢出。

问题解决后会显示"无错误"字样。

▶ 用"印前检查"即时检查数据

在InDesign中，要是设置数据时出现错误，那么就会显示"错误"信息。错误内容会显示在印前检查面板中，我们可以查看问题内容和解决方法。上面会显示出错的页码，双击那行信息，出错对象就会出现在画面上。修正数据之后，就会显示"无错误"。

要将InDesign数据交付印刷时，活用印前检查功能，就能最大限度地避免印刷问题的出现。这个功能十分方便，请大家务必熟练使用。

▶ 新建印前检查配置文件

在印前检查的预设中，可以勾选的项目不多。创建自己的配置文件，随时调出来使用吧。

在弹出的界面中点击"+"按钮，新建印前检查配置文件。

从印前检查菜单中选择"定义配置文件"。

输入并"保存"配置文件，点击"确定"。

选择配置文件后就会弹出菜单，可以选择自己创建的配置文件。

▶ 定制印前检查配置文件

让我们在印前检查中多添加一些可勾选的项目吧。从印前检查面板菜单中选择"定义配置文件"，在右侧的列表中勾选需要的项目。下图中，我勾选并设置了色彩模式和最小描边粗细。

勾选"颜色"、"不允许使用的色彩空间和色彩模式"，选择"RGB"。

勾选"图像和对象"、"最小描边粗细"，将最小描边粗细设置为"0.1mm"。

如左图，我们已经添加了勾选项目，所以要是系统发现了RGB图像或者比最小描边粗细还要细的线条，就会进行报错。

088

了解链接图像和嵌入图像的区别

图像是"链接"还是"嵌入",二者有着巨大的区别。在工作时,我们需要考虑我们要选择哪一种方法处理图像。

链接图像和嵌入图像

嵌入图像

嵌入是将图像数据完整地导入,所以文件体积会变大。

在Illustrator的链接面板中,会显示嵌入图像的图标。

链接图像

在Illustrator中选中链接图像,会显示对角线。

链接导入图像主要是为了预览,输出时需要使用原数据。

▶ 链接和嵌入的特征

插入图像时,会使用的两种形式就是链接和嵌入。在Illustrator中,要插入图像时,需要选择其中一种。在InDesign中,基本上是以链接形式导入的,但也可以之后再嵌入。

链接导入的是预览用的小图像,输出时

不容易读取出原数据,所以虽然文件体积小,但是需要注意,要保持图像的链接状态。嵌入是将数据原原本本地导入进来,所以体积大,但是不需要和图像建立链接,能够简化管理,这是它的优点。

▶ 在Illustrator中选择"链接"或"嵌入"插入图像

在Illustrator中，我们可以从文件菜单中
选择"配置"。在弹出界面的设置中，有"链
接"的勾选框。要是勾选此项，图像就会以
链接状态插入，要是不勾选，那么就是以嵌
入状态导入。

要是嵌入的图像体积过大，排版数据也
会变大。要是嵌入太多图像，那么文件体积
就会随之增大，软件也会出现卡顿，这点需
要大家注意。

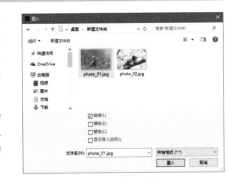

▶ 将链接图像转换为嵌入图像

选中链接图像，从链接面板中选择"嵌
入图像"，链接图像就会被嵌入。

再次打开嵌入图像进行编辑是一件非常
繁琐的事情，所以最好在图像的修正等操作
都结束之后再将其转换为嵌入。

▶ 解除图像嵌入

我们还可以取消嵌入，将其转换为链接
图像。在Illustrator中，要取消嵌入，必须要
先输出要链接的图像。我们要从链接面板的

菜单中选择"取消嵌入"，在弹出的菜单中设
置要输出的图像的文件名和保存位置。

选中嵌入图像，从链接面板菜单中选择"解除
嵌入"。

输出要链接的图像。设置输出文
件的名称和保存位置之后，点击
"保存"按钮。输出的图像会独
立成为一个文件。

Cat_01.psd

089

如何编辑和管理链接图像

处理链接图像时，就算之后需要修正，只要修正元数据，覆盖保存，那么替换图像就非常简单。要是链接脱落，就需要重新链接。

打开链接图像进行编辑

在Illustrator中选中链接图像，从链接面板菜单中选择"编辑对象"。

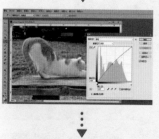

应用程序会自动打开。这里的范例中打开的是Photoshop。把图像调亮之后覆盖保存。在Illustrator中操作的话，会弹出"链接图像已修正，是否更新"界面。

点击"是"进行更新。
Illustrator的图像被替换为最新的图像了。

▶ 打开链接图像进行编辑，更新链接

　　链接图像的优点是，只要对图像进行了修正，也可以马上连接到原图像进行修正。如何修正呢？我们需要选中要修正的图像，在链接面板中选择"编辑原图像"（InDesign中是"编辑原数据"），应用程序就会自动打开，我们可以马上着手修正。结束后，我们可以直接覆盖保存，更新链接图像。

　　要是已嵌入图像，这些操作就都不能顺利进行了。所以，要是交付印刷时需要嵌入图像，那么最好是最后再进行嵌入。

▶ 链接面板中的警告图标

如果链接图像不存在或者被覆盖，链接面板中会出现"！"标志。此时我们需要重新链接。交付印刷时，记得要检查图像上有没有这个警告标志。

链接面板中要是显示"！"标志，就需要解决此问题。

▶ 重新链接图像

要是画面上显示灰色"！"标志，就需要我们从面板菜单中执行"重新链接"，或者点击面板下方的"重新链接"按钮。选中图像之后就会弹出界面，此时我们需要选中链接图像，点击"打开"按钮。要是找不到文件，可以想想，是不是之前给文件改名了，或者放到了别的位置，或者不小心删掉了等。

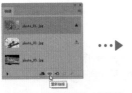

选中显示"？"的图像，在链接面板中执行"重新链接"命令。

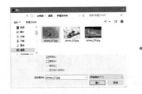

选中想要链接的图像，点击"置入"按钮。

链接后"？"标记就会消失。

▶ 更新链接图像

要是画面上显示黄色"！"标志，那就表示那张图像已经被覆盖了。此时，需要从面板菜单中执行"更新链接"命令，或者点击面板下方的"更新链接"按钮。这样操作之后，预览图像就会更新到最新。

点击带有"！"的图像，在链接面板中执行"更新链接"命令。

链接更新后，警告标志就会消失，图像也会变为最新的预览图像。

090

防止因字体问题导致的印刷事故

要是设备中没有安装字体，那么在显示时，就会被替换为其他字体。在最后的交付印刷阶段，记得注意，防止因字体导致的事故。

字体被替换

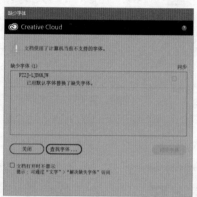

在Illustrator中打开文档时，要是文档中使用了系统中没有的字体，那么就会弹出警告。

是非成败转头空，青山依旧在，惯看秋月春风。一壶浊酒喜相逢，古今多少事，滚滚长江东逝水，浪花淘尽英雄。几度夕阳红。白发渔樵江渚上，都付笑谈中。

系统中没有文本的字体，那么就会替换为其他字体，如图所示，会显示出带颜色的文本。

是非成败转头空，青山依旧在，惯看秋月春风。一壶浊酒喜相逢，古今多少事，滚滚长江东逝水，浪花淘尽英雄。几度夕阳红。白发渔樵江渚上，都付笑谈中。

安装之前没有的字体，就可以正确显示出来了。

▶ 没有安装字体而导致的错误

　　要是没有字体，在打开文档时就会弹出警告，文本将被替换为其他的字体。字体被替换之后，文本将会以带颜色的形式显示出来。此时，请安装字体，让文本能够正确地显示出来。

　　另外，有些字体的名称虽然很相似，但是带有"Std"、"Pro"等名称的字体中所含的文字数量也是不同的。日文中"葛"、"辻"、"鯖"这些字都是有异体字的，所以在更改字体的时候也需要格外注意。

▶ 确认和更改要使用的字体

要是找不到某一种字体，可以用其他的字体替换。从文字菜单中选择"查找字体"后，系统中没有的字体就会显示警告标志。在"替换字体"的弹出菜单中，选择"系统"，列表中就会显示出系统中已安装的字体，我们可以选择自己喜欢的字体进行替换。

字体变化之后，外观印象也会发生巨大的变化（使用西文字体时有时也会发生行数变化）。更改之后，要确认可读性和可辨性，进行微调。

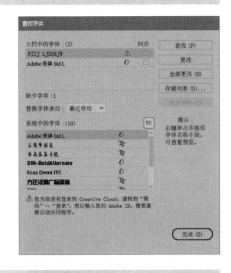

▶ 创建轮廓，防止事故发生

要是需要用Illustrator文件交付印刷，要记得为所有文字创建轮廓之后再交给印刷厂。创建轮廓后，所有的文字都会变成图形对象，就算印刷厂没有这个字体，也可以在屏幕上看到同样的字体外观。

但是经过创建轮廓的文本，在之后就不能再次编辑了，所以要把含有文本数据的原文件另外保存。

▶ 用PDF文件交付印刷，防止事故发生

需要交付印刷时，推荐大家把文档导出为PDF格式。PDF文档可以保持文字的轮廓信息，所以省去了输出时将文本轮廓化的麻烦，也不需要发送字体。

另外，要是使用了Adobe Typekit的字体，那就需要将文字轮廓化，或者将文档导出为PDF格式（详情请参照P154的小专栏）。

091

设定"可以印刷"的文字大小和描边

我们创建的数据中，并不是所有输出都可以被印刷出来。过小的文字、过细的描边有时是印刷不出来的。

描边的粗细和字体大小

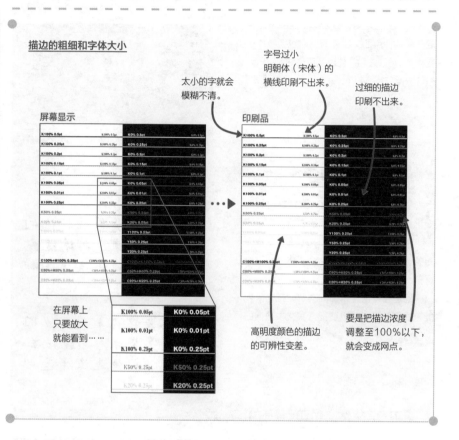

字号过小
明朝体（宋体）的
横线印刷不出来。

太小的字就会
模糊不清。

过细的描边
印刷不出来。

屏幕显示

印刷品

在屏幕上
只要放大
就能看到……

高明度颜色的描边
的可辨性变差。

要是把描边浓度
调整至100%以下，
就会变成网点。

▶ 可读的文字要5pt以上，描边的粗细需要0.1mm以上

在电脑上进行设计时，因为我们可以自由地放大或缩小画面，就很容易忘记实际的文字和插入的感觉，印刷出来和预想效果相差甚远……这种情况也是有可能出现的。最重要的是，我们要一直想象文字和插图的实际尺寸。

我们先来了解一下能被印刷出来的字体大小和能被读者辨认的文字大小吧。考虑到可读性，最小的文字也必须要设置为5pt以上。

描边的粗细要设置为0.1mm，浓度100%，这样是最保险的。

▶ 小号字的注意事项

如果把小号字设置为明朝体（宋体），那横笔画就有可能模糊不清。就算设置为Gothic体（黑体），有些时候比较粗的字体也很容易印刷模糊。要是文字的颜色和CMYK叠印时出现了偏移，那么可读性就会变得极差。把文字处理为白色挖空，明朝体或者较细的Gothic体（黑体）的文字也可能会模糊。

4pt 私たちの住む地球は太陽系にあります。この太陽	私たちの住む地球は太陽系にあります。この太陽
3pt 私たちの住む地球は太陽系にあります。この太陽系は銀河系（天の	私たちの住む地球は太陽系にあります。この太陽系は銀河系（天の
2pt	
1pt	

小字号的明朝体或粗Gothic体（黑体）可能会降低可读性。

銀河系には約2000億から4000億個

銀河系には約2000億から4000億

要是给又小又细的文字设置颜色，就有可能因印版错位而导致可读性变差。

将明朝体（宋体）或较细的Gothic体（黑体）处理为白色挖空，会降低可读性。

▶ 描边的注意事项

在胶版印刷中，能够印刷出来的最细的线条就是0.1mm。颜色最好设置为CMYK的其中一种，浓度为100%。要是使用了淡色，有可能就会出现网点，可辨性就会变差。要是需要设置为2色叠印，保险起见，最好将描边粗细设置为0.2mm以上。镂空的描边周围会渗进油墨，所以推荐大家把描边粗细设置为0.2mm以上。

0.1mm C100%	0.2mm C100%+M100%
0.1mm M100%	0.2mm M100%+Y100%
0.1mm Y100%	0.2mm Y100%+C100%
0.1mm K100%	

0.1mm M80%	0.2mm M80%	0.3mm M80%
0.1mm M60%	0.2mm M60%	0.3mm M60%
0.1mm M40%	0.2mm M40%	0.3mm M40%
0.1mm M20%	0.2mm M20%	0.3mm M20%

0.1mm 镂空	0.2mm 镂空	0.3mm 镂空

在缩小地图等包含细线的对象时，要是随之把描边粗细也缩小了，那在印刷时可能会达不到预期效果，这点需要大家注意。要缩小对象时，需要双击"比例缩放工具"的图标，打开工具设置界面，取消"比例缩放描边和效果"的勾选，描边粗细就不会被缩小了。

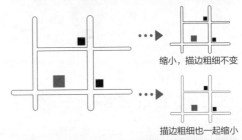

缩小，描边粗细不变

描边粗细也一起缩小

要缩小包含细描边的对象时，需要切换放大/缩小工具的设置，防止描边粗细进一步被缩小。

选项
☐ 缩放圆角 (S)
☐ 比例缩放描边和效果 (E)
☑ 变换对象 (O)   ☐ 变换图案 (T)

092

原生文件交付印刷时需要"打包"输出

使用"打包"功能，把需要交付印刷的InDesign或Illustrator数据汇总在一个文件夹里。使用这个功能，就可以轻松汇总链接图像或字体资料了。

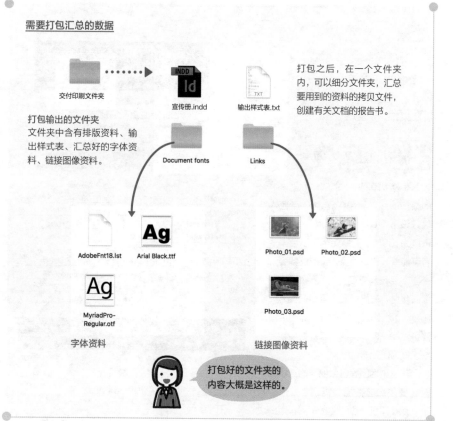

需要打包汇总的数据

交付印刷文件夹

宣传册.indd　　输出样式表.txt

打包输出的文件夹
文件夹中含有排版资料、输出样式表、汇总好的字体资料、链接图像资料。

打包之后，在一个文件夹内，可以细分文件夹，汇总要用到的资料的拷贝文件，创建有关文档的报告书。

Document fonts　　Links

AdobeFnt18.lst　　Arial Black.ttf

Photo_01.psd　　Photo_02.psd

MyriadPro-
Regular.otf

Photo_03.psd

字体资料　　链接图像资料

打包好的文件夹的内容大概是这样的。

▶交付InDesign数据前，一定要"打包"

需要将图像和文字的排版资料交给其他的制作人员、印刷厂印刷时，需要将配置好的链接图像、字体等文件也一起交付给对方。InDesign和Illustrator的"打包"功能，可以将这些文件汇总，实现顺利的交付。

我们可以在界面中选择要汇总的数据的种类。在对文件夹进行操作时，不要重命名或者改变文档等级，要让它保持原本的状态。要是重命名或者改变等级，图像的链接也许就会断开，这点一定要注意。

如何使用InDesign打包

在打包前，需要先使用印前检查，检查数据有无问题。InDesign常备印前检查功能，所以需要我们检查文件状况，有问题及时解决。要是确认数据没有问题，就可以在文件菜单中执行"打包"命令。

操作顺序如下所示。在"打包"界面中勾选想要导出的项目，执行"打包"。

从文件菜单中执行"打包"命令，就会显示印前检查的结果。要是没有问题，就可以点击"打包"按钮。

前进到"打印说明"界面。在这里，我们可以输入制作者的联系方式或评论。

设置文件夹名称、保存位置，勾选想要导出的项目。还可将其全部导出为IDML格式文档或者PDF文档。

点击"打包"按钮，有关字体处理的警告就会弹出来。确认之后点击"确定"，开始打包。

如何使用Illustrator打包

用Illustrator打包，可以省去印前检查这一步。要想确认图像的链接信息，可以打开链接面板，要想确认字体信息，就使用查找字体功能，检查数据有无错误。

从文件菜单中执行"打包"命令，就能够显示界面，可以设置保存位置、文件夹名称，在设置中勾选想要导出的项目，点击"打包"按钮就可以了。

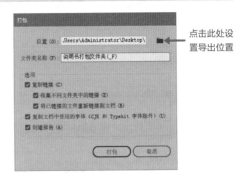

点击此处设置导出位置

Illustrator的"打包"界面。设置保存位置、文件夹名称，勾选要导出的项目，执行"打包"。

093

设置PDF的导出选项

我们会在很多场合使用PDF，用于校对或者用于印刷，根据不同的使用目的改变PDF的输出方法，简化工作流程吧。

Chapter

3

校正和输出篇

用于校对/印刷的PDF

对页、有角线的PDF　　　　单页、没有角线的PDF

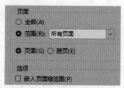

在InDesign中，在"导出PDF"界面中的"通常"制表符中选择"页面"就能导出单页，选择"对页"就能导出对页的PDF格式文件。另外，在"标记和出血"制表符中，可以设置是否显示角线和出血版的范围。

根据不同的需求灵活切换导出设置吧。

▶ 根据需求导出PDF

我们会在很多情况下使用PDF。就算是用于印刷，也分用于交给客户检查，还是用于最终交付印刷。

单页印刷品一般交稿时都会标记角线，所以大家不用过多犹豫。

但是交付多页印刷品时，要是处于校正阶段，那么输出对页交给对方能让页面内容一目了然，便于确认。然而，交付印刷时印刷厂要进行分页工作，所以我们需要关闭角线，以单页形式输出。

▶ 详细设置PDF预设后导出

要想导出PDF，在Illustrator中需要从文件菜单中选择"存储为"或者"存储副本"，选择"Adobe PDF"格式。在InDesign中需要在文件菜单中选择"导出"。

在PDF存储预设中选择"PDF/X-1a"或"PDF/X-4"等格式，选中页面范围或单页或对页，再设置标记和出血。印刷厂大多都会分发导出PDF时需要遵守的细节规则指示册，记得参照册子，进行正确的设置。

"导出PDF"界面的"通常"制表符。我们可以在这里设置"PDF导出预设"或页面范围，选择单页或对页。

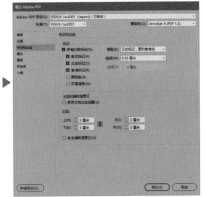

要是本次输出时用于校正，则需要在"标记和出血"制表符中添加标记，不过用InDesign交付印刷时，不需要添加标记。

▶ 需要和印刷厂确认PDF的设置

有一些印刷厂会分发一些导出PDF时的工作数据。此时，只要读取工作数据，就可以将其添加到PDF导出预设中。下面我来为大家介绍一下如何操作。

InDesign中，从文件菜单中选择"PDF导出预设"→"定义"，单击"载入"按钮。

选择印刷厂发布的工作数据，点击"打开"。

读取的工作数据会显示在PDF导出预设中。

094

PDF文件要以"PDF/X-1a"或"PDF/X-4"生成

我们先来了解一下用于交付印刷的Adobe PDF的两种格式吧。根据其格式不同，文档会被变换成什么样式呢？事先了解这一点也是至关重要的。

导出PDF时，对透明部分的处理各不相同

Illustrator数据

本数据在Illustrator中使用了透明效果和投影。

导出为PDF/X-1a

PDF/X-1a不支持透明效果，所以应用了透明效果的部分会被替换为图像。在链接面板中确认，就可以看到有新建的图像。

导出为PDF/X-4

导出为PDF/X-4，应用了投影的部分得以保留，透明效果被处理为用于印刷的RIP。

▶ "PDF/X-1a"和"PDF/X-4"的区别

在印刷输出时，一般使用装有PostScript的打印机，PDF成品文件也使用"PDF/X-1a"格式。

但是，近几年装有打印引擎的APPE（Adobe PDF Print Engine）的输出设备也渐渐开始普及。APPE可以直接处理PDF。不需要事先分割透明效果，将RGB图像转换为CMYK，直接就可以用RIP处理文件。APPE支持的PDF格式为"PDF/X-4"。选择哪一种进行输出，会对制作流程产生一定的影响。

▶ "PostScript"和"Adobe PDF Print Engine（APPE）"

PDF/X-1a格式和PostScript输出设备的搭配，作为一种适合日本印刷的输出环境，经过了多年的改良，现在的输出效果已经非常稳定了。PostScript是一种语言，作用是将图像数据传输给打印机，现在已经没有主流更新了。但是，现在使用它的机会也不少。

PDF/X-4是一种PDF格式，作用是用Adobe PDF Print Engine（APPE）进行输出。因为它可以获得更为稳定的效果，所以现在有很多印刷厂都引进了它。事先跟印刷厂确认要提交哪种格式的文件吧。

PDF/X-1a的特征	PDF/X-4的特征
· PDF的版本是PDF1.3 · 可嵌入字体 · 只支持CMYK和专色色彩模式 · 所有图像都是用实际图像嵌入的 · 不能保留透明效果信息（必须经过事前的分割和合并）	· PDF的版本是PDF1.6 · 以PDF/X-1a为基础，更新和扩张了几个功能 · 支持RGB色彩模式 · 可以保留透明效果信息

▶ 使用Adobe Acrobat，确认导出的PDF有无错误

Adobe Acrobat的印前检查功能可以分析PDF的内容，还可以判断印刷工程或者其他可以设置的各种条件的可行性。我们需要检查有无导出的PDF的颜色、字体、透明的使用、图像的分辨率、油墨总量、PDF版本之间的互换性等问题。

要执行印前检查，需要指定配置文件，点击"分析"按钮。有一些配置文件可以在印前检查阶段为我们修正部分错误。

从"印前制作"菜单中选择"印前检查"。

从印前检查的配置文件列表中选择需要的配置文件，点击"分析"按钮。

分析结束后会显示结果。

203

095

选择适合需求的"印刷纸"

印刷纸种类繁多,每一种都有其独特的效果。根据产品需求不同,选择不同的印刷纸,能使设计效果显著提升。

纸的分类

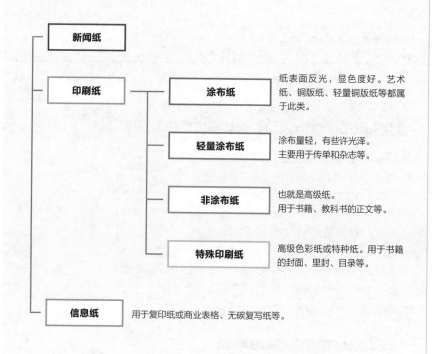

新闻纸		
印刷纸	涂布纸	纸表面反光,显色度好。艺术纸、铜版纸、轻量铜版纸等都属于此类。
	轻量涂布纸	涂布量轻,有些许光泽。主要用于传单和杂志等。
	非涂布纸	也就是高级纸。用于书籍、教科书的正文等。
	特殊印刷纸	高级色彩纸或特种纸。用于书籍的封面、里封、目录等。
信息纸		用于复印纸或商业表格、无碳复写纸等。

▶ 挑选印刷纸张,最重要的就是观察实物、上手感受

用于印刷的纸张有涂布纸、轻量涂布纸、非涂布纸、特殊纸几种。

"涂布纸"是一种表面涂有涂料,兼具高度美感和顺滑感的纸张。其中又有带光泽的光泽纸和做了消光处理的哑光纸以及暗色纸等。非涂布纸就是没有经过涂布处理的纸张,用于单行本正文的印刷等。高级纸(特种纸)的表面上或有带颜色的涂料,或表面凹凸,是一种在制作工程中混入了其他材料的纸张。要选择纸张时,就去接触实物样本,考虑一番之后再做决定吧。

▶ 纸的厚度、重量、全张厚度

提示：我国通常使用"克"（一平方纸张的重量）来衡量纸的厚薄，而常用纸张有正度（787×1092mm）和大度（889×1194mm）两种大小尺寸。

通常，纸的重量和厚度可以用"令重"这个单位来表示。令重是指500张全张纸（1令）的重量，通常以kg为单位。令重越大，纸就越厚。令重是指1令全张纸的重量，所以全张厚度为110kg的32开本和全张厚度为76.5kg的菊版开本的厚度其实是一样的。打印纸等工作时使用的纸张，需要使用"坪量"（日本叫法）这个单位。坪量是指一张纸每平方米的重量，单位是"g"。

全张的令重和用途

32开本	菊版开本	主要用途
55kg	38kg	传单、杂志正文页面等
73kg	50.5kg	传单、杂志正文页面等
90kg	62.5kg	传单、杂志正文页面、广告单等
110kg	76.5kg	宣传册正文页面、广告单等
135kg	93.5kg	宣传册封面、海报等
180kg	125kg	宣传册封面、DM明信片等
220kg	153kg	DM明信片等

主要的全张规格

32开本	
32开本	788×1091
菊版开本	636×939
牛皮纸开本	900×1200
A系开本	625×880
B系开本	765×1085

32开和B系开本、菊型开本、A系开本的尺寸很相似，都经常被用作文库本或单行本的正文纸张。

▶ 纸纹

纸张是由植物纤维、动物纤维、矿物纤维、化学纤维等合成压平的。纤维的方向就叫做"纸纹"，纤维排列纵向不容易被弯曲、折叠。在全张纸上，与纸的长边平行的纤维方向叫做纵纹（T纹），和短边平行的叫做横纹（Y纹）。在选择纸张时，如果想要制作便于翻阅的书籍，或者方便卷曲的海报，那就需要注意纸纹的方向。

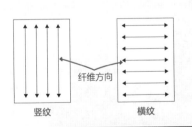

纤维方向

竖纹　　　　　横纹

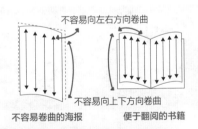

不容易向左右方向卷曲

不容易向上下方向卷曲

不容易卷曲的海报　　便于翻阅的书籍

判断"纸纹"方向的方法

在专门卖纸的店铺中购买全张纸张时，可以挑选纸纹方向。纸张的样本册中，会标注纵纹、横纹，大家可以参考。要是购买时纸张已经被裁剪好，但是我们又想知道它的纸纹方向，我们可以将其裁剪成右图所示的长方形，观察它的柔韧度。

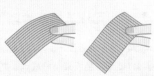

如图所示，拿起纸片的一端，确认纸张的柔韧度。要是纸纹方向与地面平行，那么就容易弯曲。

096

使用高级纸/特种纸

在印刷时使用高级（特种）纸，能很好地表现纸的颜色和触感。在选择纸张时，记得要注意该种纸是否适用于印刷。

选择高级（特种）纸

在专门出售纸张的店铺或工厂中，可参考各种高级（特种）纸的样纸，选择图案和颜色。购买时，可以选择买全张，或者是已经裁剪好的尺寸。
照片来自：@深圳市和谐印刷

《和谐名片纸样》
照片来自：@深圳市和谐印刷
纸样集中收录了近200种来自意大利，德国等国家的优质进口纸样。

▶ 彩色纸可以选择多种颜色

印刷中使用的纸张一般都是白色的，但是我们可以使用彩色纸来凸显重点。书籍的精装本有里封，需要从彩色的高级（特种）纸中进行选择。具有代表性的有"TANTO"、"LEATHAC"、"MERMAID"（※注：都是纸张的种类名称）等。另外，彩色的高级（特种）纸也常被使用于复印。表面有特殊质感的纸、添加了混合物的纸、和风纸等，我们有很多种选择，去店铺里多多挑选吧。

▶ 含棉的自然质感纸张

现在，在制作名片或杯垫等小型印刷品时，对于含棉量高的纸张的需求越来越多了。它的特点是质感自然，手感舒适。不同的品牌含棉量也各不相同，硬度也各有不同，建议参考实物挑选。另外，活版印刷时需要加压，在制作面上压出凹痕，所以建议选择稍厚的纸张。

名片印刷纸样
照片来自：@深圳和谐印刷名片匠
不同含棉量的纸制成的名片印刷效果和手感也不尽相同。名片也可以进行不同工艺的加工：覆膜、UV、烫金、烫银、打孔、模切、凹凸印等。

▶ 事前确认是否适合印刷

带颜色的彩色纸或表面粗糙的质感纸，都需要事前确认是否适合印刷。彩色印刷会受底色影响，颜色显色会有变化。要是预算充足，可以事前进行试印，确认颜色的显色度。

胶版印刷、活版印刷等凸版印刷、丝网印刷有时也需要注意。是否适合印刷或者注意事项请咨询纸张贩卖店铺或印刷厂。另外，如果要用自己的喷墨打印机进行输出，也最好是事前确认是否适合印刷后再购买纸张。

纸张的印刷样本。使用平和纸业的"网点F"彩色纸进行胶版印刷制成。可以事前确认印刷效果。

书籍里封印刷范例。

097

能使设计焕然一新的
"特殊印刷·加工"

为了给读者留下深刻的印象，我们可以进行特殊的印刷或加工。我们来一起看一看主要的特殊印刷或加工吧。

最具代表性的特殊印刷·加工

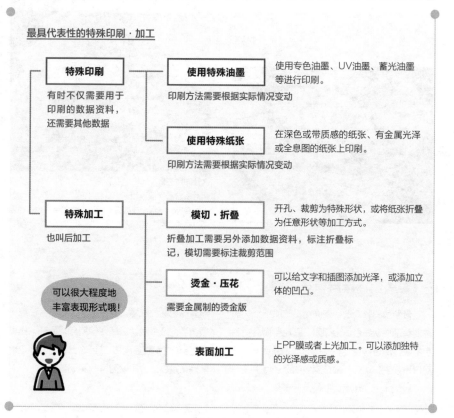

| 特殊印刷 | | 使用特殊油墨 | 使用专色油墨、UV油墨、蓄光油墨等进行印刷。 |

特殊印刷
有时不仅需要用于印刷的数据资料，还需要其他数据

使用特殊油墨
使用专色油墨、UV油墨、蓄光油墨等进行印刷。
印刷方法需要根据实际情况变动

使用特殊纸张
在深色或带质感的纸张、有金属光泽或全息图的纸张上印刷。
印刷方法需要根据实际情况变动

特殊加工
也叫后加工

模切·折叠
开孔、裁剪为特殊形状，或将纸张折叠为任意形状等加工方式。
折叠加工需要另外添加数据资料，标注折叠标记，模切需要标注裁剪范围

烫金·压花
可以给文字和插图添加光泽，或添加立体的凹凸。
需要金属制的烫金版

表面加工
上PP膜或者上光加工。可以添加独特的光泽感或质感。

可以很大程度地丰富表现形式哦！

▶ 表现印刷品效果的各种方法

海报、促销产品广告、杂志封面等产品，都需要引人注目，所以会进行各种各样的特殊印刷或特殊加工。特殊印刷种类繁多，除了使用特殊油墨印刷或使用特殊纸张或素材印刷之外，还可以根据油墨或纸张的种类不同更换为胶版印刷以外的印刷方式。

模切是将印刷品切割为各种形状的一种加工方式。"烫金"是利用热压，将金、银、颜料等箔转印到印刷品上。"压花"是添加凹凸。"表面加工"是为了保护印刷品表面，会将透明的膜贴在整个面上。这些加工方式都需要和印刷厂进行确认之后再着手设计。

▶ 特殊油墨的种类

特殊油墨在胶版印刷中不常见，但是在丝网印刷等其他印刷方式中较为普遍。用这种油墨印刷非常耗费时间和成本。因为它可以给读者留下深刻的印象，所以多用于广告设计、书籍封面设计等各领域。特殊油墨种类多不胜数，但是在这里，我想给大家介绍其中的几种。

UV油墨
可以给印刷面增添透明的光泽，提升印刷效果。

发泡油墨
质感像像橡胶一样柔软，但是蓬松有厚度。

蓄光油墨
光线照射后，在暗处就能发光。

刮刮乐油墨
用指甲或者较硬的物体刮蹭，印刷在下面的文字就会显现出来。

▶ 利用印压实现的凹凸压花和烫金加工

"凸压花"是用凸凹的烫金版上下压制，使纸的表面凸起。"凹压花"是用凸状的烫金版将纸张表面呈现凹状。"烫金"需要制作文字或烫金版，使用热压，转印箔。箔的种类除了金、银、颜料之外，还有全息图类的特殊素材。另外，还可对皮革等素材进行加工。

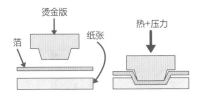

箔被压到纸张上了

▶ 贴PP膜和上光，进行表面加工，提高耐久度

"表面加工"的目的是保护印刷表面，增加纸张质感。其中最具代表性的工艺就是"贴PP膜"（"覆膜"）和"上光"。"贴PP膜"就是用聚丙烯膜覆盖印刷面，对其进行保护。有光泽的叫做"亮光PP"，消光之后的叫做"哑光PP"。

"上光"是将透明树脂印刷在纸张的表面，对其进行保护。不仅可以保护纸张，还可以保留纸张原本的质感，建议大家在设计时将上光和PP区别使用。

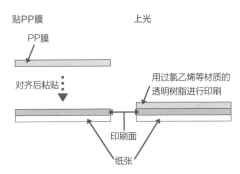

表面加工时需要对印刷厂作出内容方面的指示。如果只想进行部分加工，那么就需要事先准备要印版的数据资料。

098

制作宣传小册子时常用的"折叠加工"

"折叠加工"是印刷的后加工的一种。不同的折叠方法有其不同的名称。印刷时需要考虑到折叠方法和每一面（页面），构思时需要顾及版面构造。

最具代表性的折叠加工范例

中心对折
最简单的
折叠加工。

对折（4面）

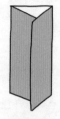

内侧的面要比外侧的
面稍微短一些。

三折（6面）

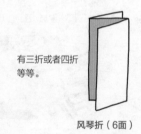

有三折或者四折
等等。

风琴折（6面）

从中央分成2半，
再进行垂直对折。

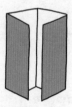

关门折（8面）

如果想实施折叠加工，
记得事前跟印刷厂商量。

▶ 折叠方式不同，表现效果也不同。根据自身需求选择折叠方式吧

折叠纸张可以让结构紧凑，便于携带。要是将名片或者购物卡等产品制作成对折，那么可以填写的信息量就可以翻倍了。在折叠方法上下功夫可以形成不同的外观。

宣传册多用"对折"。DM或小型宣传册多用"三折"、"Z字折叠"、"关门折"等折叠方式。为了实施折叠加工，需要注明"折叠标记"，而且还需要标注折叠的方向（是正折还是反折）。另外，选择便于折叠的纸张也是很重要的。最好事先和印刷厂商量好纸张和加工事宜。

三折

需要对三折进行排版时，要注意不要把文字、插图等重要要素放置在折叠位置。此外，折叠在内侧的一面需要比其他面窄

2~3mm。要是不这样，放在织机上时，纸张就会捻到一起去。折叠为三折后，面前的就是封面，后侧就是封底。

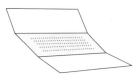

处理和DM一起寄出的信件等文字时，要注意不要把文字放置在折叠线处。

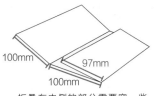

折叠在内侧的部分需要窄一些（3mm左右），要不然就不能整齐地折叠了。

折叠后朝向自己的就是封面，背面就是封底。

关门折

在对关门折的纸张进行设计时，要考虑到打开时显现出来的面。一开始打开页面时，显现出来的分为左右两边，但要是设计为连续的版面，就能营造一种戏剧性效果。折向内侧的一面需要比其他面稍窄一些。

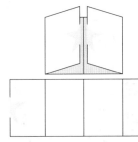

对关门折页面进行排版时，需要注意页面的左右两边。

其他的代表性折叠加工

折叠加工的种类繁多，我们也来看看其他的具有代表性的折叠加工吧。在构思阶段，我们可以实际折一折，折叠后在上面绘制草图，这样能方便我们找到感觉。

我们也要注意，文本是竖排还是横排，这也会改变读者视线的流动方向。竖排时，视线是从右到左，横排时，视线是从左到右。

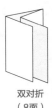

双对折（8面）

向内双对折（8面）

向外双对折、W折（8面）

蛙型折（10面）

向外五折（10面）

垂直对折后向内三折（12面）

垂直对折后向外三折（12面）

再将这里对折

16页旋转对折（16面）

099

将单页整理在一起的"装订"流程

印刷后，将纸张汇总，制作成"书"的形状，这个工程就叫做"装订"。根据不同的成本和产品的具体内容，有多种多样的样式供我们选择。

精装本的各个部位的名称

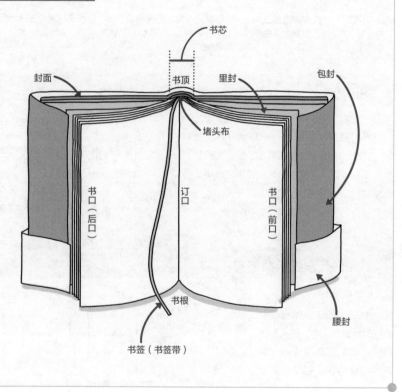

书芯

封面　　　书顶　里封　　包封

堵头布

书口（后口）　订口　书口（前口）

书根

书签（书签带）

腰封

▶ 装订分为精装本、平装本、骑马钉装订3种

　　通常来说，装订方式共有"精装本"、"平装本"、"骑马钉装订"这3种。根据装订种类不同，强度和页面的可翻开程度也不同，在制作书籍时，我们需要先定好要用哪种方式装订。需要的话，可以委托印刷厂，拿到装订好的样书（也叫"书芯样本"）。

　　最好把书的各个部分的名称记下来。上图中就是精装本的各个部分的名称。设计师需要设计正文纸张、封面、包封、腰封，指定纸张种类和厚度、颜色，向印刷厂下订单。

▶ 精装本和平装本的种类和名称

"精装本"又叫硬装本。将正文页面装订之后，用硬且厚的版纸包裹它，再将整本书用包封或腰封卷起来，就可以流通到市面上了。虽然成本高，但是耐久性强，一些专业书籍和文艺类书籍会运用精装。"平装本"又叫软装本，普通书籍、新书、文库本、杂志、商品目录等都常用软装。根据装订的样式不同，其种类和名称也不同。具体可以参照图例。

中性的装订

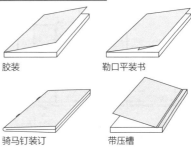

中式装订

法式装订

最具代表性的精装本样式

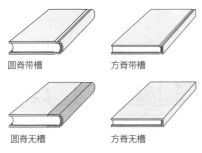

圆脊带槽　　　　　方脊带槽

圆脊无槽　　　　　方脊无槽

最具代表性的平装本样式

胶装　　　　　　　勒口平装书

骑马钉装订　　　　带压槽

▶ 骑马钉装订

"骑马钉装订"是将正文纸张和封面对折，在中央部分用2个骑马钉钉住。适用于页数较少的商品目录或者周刊杂志。一般来说，骑马钉装订的册子页数越多，中央页的左右宽度就越窄。要是在靠近中央页的订口附近设计文字，就会被裁断，这点需要注意。

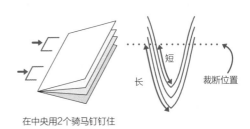

在中央用2个骑马钉钉住

短

长　　　　裁断位置

▶ 铣背胶装、无线胶装、线装

"铣背胶装"是一种精装本和平装本都在使用的装订方式，是在束好的纸的脊部裁剪出凹型，然后将胶水灌入的（书籍固定）。无线胶装是将一页一页的散装页叠在一起，切割脊部，用胶水粘黏。如果需要长期保存，需要提高耐久性，那么就可以用线将页面缝起来，这就叫做"线装"。

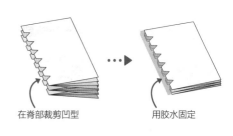

在脊部裁剪凹型　　　用胶水固定

100

按需印刷的装订加工

针对按需印刷的印刷设备，可以实现从印刷到装订加工的一条龙服务，所以我们可以用它来制作少量、短期的印刷品。

按需印刷机

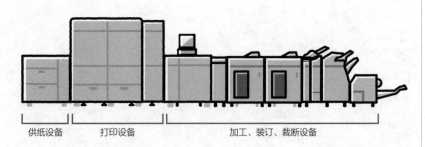

供纸设备　　打印设备　　加工、装订、裁断设备

胶版印刷

交付数据 ··▶ 输出印版 ··▶ 检查印版 ··▶ 印刷 ··▶ 折叠加工·顺页·装订 ··▶ 裁断 ··▶ 完成

按需印刷

交付数据 ··▶ 使用无版印刷打印 ··▶ 后加工一条龙服务 ··▶ 完成

胶版印刷则分别需要各个工程的专用机器，需要一定程度的交货期，与此相对，按需印刷则能够在短期内得到成品。

▶ 按需印刷机可以实现从印刷到装订的一条龙工程

如果印刷册数不多，并且想要在短时间内拿到成品，那么可以考虑按需印刷。最近几年，在互联网上也可以订购印刷服务，就算印刷册数不多，也可以进行胶版印刷，但是需要一定的工期。

按需印刷中可以使用的最大尺寸的纸张是A3尺寸，这一点和在大尺寸纸张上分页印刷的胶版印刷不同。在设置印刷数据时，我们也必须要考虑到这一点（装订方法详情请参照右页）。

▶ 按需印刷的胶装

胶版印刷中，印刷多页印刷品，需要在大尺寸纸张上分页，将其折叠为8页或16页单位，也就是"折叠页"。为此，总页数通常需要是8或16页的倍数，这样可以不浪费纸张，压低成本。

但是在按需印刷是在1张纸上正反面印刷的，所以不需要考虑分页。页数只要是2的倍数就好，页面设计相对比较轻松。

封面则需要改变纸质，和书籍的正文部分分开制作。另外，还可以在章节的开始页等页面上插入彩纸。详情请咨询要委托的印刷厂。

胶装工程

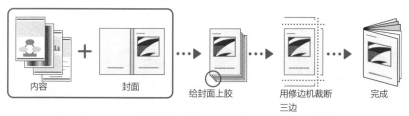

内容　　　　封面　　　给封面上胶　　用修边机裁断　　完成
　　　　　　　　　　　　　　　　　　　三边

正文页面是在1张纸的正反面上印刷的。封面需要包裹正文，所以需要事前确认好尺寸。
制作完内容后，给内容和封面上胶，裁断书顶、书根、翻口三边，完成装订。

▶ 按需印刷的骑马订

要是折叠1张纸，那么正反两面加起来就是4页，但是在骑马订时，需要将这4页重叠起来，构成页面。所以，总页数会是4、8、12、16……等4的倍数。各页面在装订时都需要按照页面顺序分页，再进行装订。

封面页（封1~封4）是对1张纸进行分页

制成的。正文和封面的纸质可以相同，但要是想要改变封面的纸质，则需要单独印刷封面，在印好正文页面后，插入封面，把两者装订到一起。

我们还可以对封面进行PP加工。进行PP加工之后，可以防水防污，表现出高级感。

骑马订工程（正文8页+封面4页）

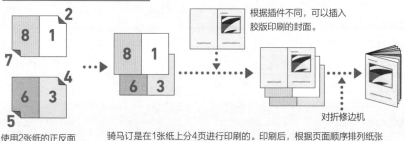

根据插件不同，可以插入胶版印刷的封面。

对折修边机

使用2张纸的正反面进行输出。

骑马订是在1张纸上分4页进行印刷的。印刷后，根据页面顺序排列纸张（又叫"顺页"）。封面可以使用同一种纸张，也可以改为其他纸质，在装订时插入。

Index 索引

[著者介绍]

伊达千代

设计师、撰稿人。TART DESIGN OFFICE株式会社代表，昭和女子大学环境设计专业外聘讲师。主要著作有《设计法则，排版理论。》、《配色设计样本集：配色基础与构思技巧入门指南》（MdN刊行）等。

生田信一

Far, Inc.代表。编撰过多部设计、印刷相关书籍。在教育机关开展DTP宣讲。主要共著作品有《设计的教科书1：平面设计基础》、《你不可不知的Illustrator基本原则（CC/CS6对应版）》（MdN刊行）等等。同时，也在活版印刷研究所网站连载有小专栏。

内藤孝彦

主要从事编辑设计工作，现在是一名自由设计师、技术性撰稿人。主要著作有《设计法则开始设计前不得不知的事》《设计法则"文字"文字和设计中不得不知的事》（MdN刊行，共著）等等。

山崎澄子

武藏野美术大学毕业。在读期间与Mac、Illustrator、Photoshop邂逅。毕业后的工作为Mac指导员，后转入制作公司。1998年作为DTP自由设计师独立。2000前后开始执笔平面设计应用程序的教程。现在居住于轻井泽，是长野美术专门学校的外聘讲师。

长井美树

平面设计师兼技术性撰稿人。现活跃于以编辑设计为中心的领域。着手设计工作的同时，也在专门学校和DTP学校担任外聘讲师，讲授色彩学、基础和实践设计等内容。Adobe官方指导员。

高岭驱

毕业于东京造形大学。漫画家、插画师。最新作品为《漫画带你简单入门：企业数字》（日本能率协会管理中心），担任进研研讨会中学讲座的角色设计等。也曾策划、执笔漫画技法书。现为东京设计专门学校漫画学科科长。